职业教育“十三五”改革创新规划教材

数控车削编程及加工

龙卫平 主 编
徐灵敏 高 升 副主编

清华大学出版社
北 京

内 容 简 介

本书依据教育部2014年颁布的《中等职业学校数控技术应用专业教学标准》，并参照相关的国家职业技能标准编写而成。

本书主要内容包括数控车床的操作面板与编程基础知识、基本操作与安全文明操作规程、基本指令(G00、G01、G02、G03、G70、G71等)的含义和应用，并运用这些指令进行编程加工，加工出包含端面、外圆柱面、外圆锥面、凸圆弧面、凹圆弧面、单向递增的阶台面零件。与本书配套研发了电子教案、多媒体课件、技能操作视频等丰富的网上教学资源，可免费获取。

本书可作为中专、技校、职业高中数控技术应用专业以及机械类相关专业的教材，也可以作为从事数控车床操作技术人员的岗位培训用书。

图书在版编目(CIP)数据

数控车削编程及加工/龙卫平主编. —北京：清华大学出版社，2017 (2023.8重印)
(职业教育"十三五"改革创新规划教材)
ISBN 978-7-302-45190-7

Ⅰ. ①数… Ⅱ. ①龙… Ⅲ. ①数控机床－车床－车削－程序设计－职业教育－教材 ②数控机床－车床－车削－加工－职业教育－教材 Ⅳ. ①TG519.1

中国版本图书馆CIP数据核字(2016)第239562号

责任编辑：刘士平
封面设计：张京京
责任校对：刘 静
责任印制：刘海龙

出版发行：清华大学出版社
网　　址：http://www.tup.com.cn，http://www.wqbook.com
地　　址：北京清华大学学研大厦A座　**邮　　编**：100084
社 总 机：010-83470000　**邮　　购**：010-62786544
投稿与读者服务：010-62776969，c-service@tup.tsinghua.edu.cn
质量反馈：010-62772015，zhiliang@tup.tsinghua.edu.cn
课件下载：http://www.tup.com.cn，010-62770175-4278
印 装 者：北京建宏印刷有限公司
经　　销：全国新华书店
开　　本：185mm×260mm　**印　　张**：9.5　**字　　数**：216千字
版　　次：2017年3月第1版　**印　　次**：2023年8月第4次印刷
定　　价：29.00元

产品编号：068760-02

FOREWORD

前言

本书依据教育部2014年颁布的《中等职业学校数控技术应用专业教学标准》，并参照相关的国家职业技能标准编写而成。通过本书的学习，可以使学生达到数控车床加工初级技能水平。本书在编写过程中，本着科学严谨、务实创新的原则，在吸收企业技术师傅和技能竞赛优秀指导教师经验基础上，紧密结合专业技能学习规律和职业学校学生心理特点，以行动为导向，工作任务为载体，理论学习与技能训练相结合、技能训练与职业资格考证相衔接、技能训练与游戏闯关相融合的思路进行编写。

本书在编写模式方面进行了大胆创新，采用了“专业技能课游戏闯关法”编写，结合当前职业学校教学改革的新成果，反映了职业教育的新理念。既关注了技能训练内容的合理性和实用性，又关注了学生技能训练的主动性和积极性，主要特点如下。

1. 遵循专业技能课的学习规律

专业技能课的特点在于实践性、应用性、操作性、探究性。

(1) 本书遵循了专业技能课“工学结合，知行合一”的先进教学理念，摆脱了繁重的理论知识学习，直接进行操作训练，突显了“做中学，做中教，教、学、做一体，理论与实践一体”的特点。“知行合一”是本书特色之一。

(2) 本书遵循了专业技能课“项目教学”的先进教学理念，采用了以行动为导向，以项目为载体，以特定工作任务为引领的教学思路进行编写，并融入“游戏闯关”的竞争机制，实施了游戏闯关项目教学法。在遵循“资讯——计划——决策——实施——检查——评估”等一般项目教学的基础上，增加了“闯关”环节。每个任务学习包括“任务描述”“学习目标”“任务分析”“知识加油站”“任务实施”“任务评价”“任务总结”“闯关考试”这几个环节，通过任务学习和闯关磨炼掌握知识和技能，并构建自己的实践经验、知识体系和职业能力。“闯关考试”是本书的特色之一。

(3) 本书遵循了专业技能课学习规律，在知识和技能必需和够用的原则下，按照课程教学目标和实际岗位要求设置内容，删除一些不必要、繁杂的知识点，紧密对接职业标准，对接生产过程，由浅入深，由简到繁，由易到难，环环相扣，层层递进，做一点学一点，学一点会一点。同时,在编写过程中特别考虑节约、品质和趣味。“毛坯重复利用”是本书特色之一。

(4) 本书还改变了传统的“先理论后实操”模式,采用了“先做后学和边做边学”模式,学生在操作过程中不会“做”再学,再进入“知识加油站”寻找解决问题的办法,体现了技能学习自我探究、自我构建的先进理念。“自我探究”是本书特色之一。

2. 关注了职业学校学生的心理特点

职业学校学生正处于青春年少的阶段,他们大多数具有好奇、好斗、好胜、好表现的心理特点,他们有一种初生牛犊不怕虎,凡事要分一个胜负、拼一个高低的心理特征。

(1) 本书采用游戏闯关项目教学法,很好地利用了学生这个心理特点。游戏闯关项目教学法是一种以学生为主体、以行动导向为理念、学习与趣味融为一体的创新有趣的项目教学法。通过游戏中的项目,项目中的游戏来激发学生的学习兴趣,调动学生的学习积极性和主动性,提高学生的专业技能。游戏闯关项目教学的特点:①设置了进步的“级别”。游戏闯关教学的每一个项目(任务)就是一个挑战关卡,每一个关卡对应一个游戏“级别”。②关注了学生的体验与感受。游戏闯关项目教学能让学生经常体验到闯关成功的喜悦,感受到学习的乐趣,得到老师更多的认可和表扬。③改变了学生的学习状态。“游戏闯关”项目教学实际上是一种充满刺激好奇、充满挑战的“学习型升级游戏”,是一种“玩中学,学中玩”的快乐学习。这种学习少了苦闷,多了快乐,变苦学为乐学,就像叶澜教授所说那样“我们应该让孩子们投入学习,在学习中感到快乐,找到自己希望的东西”,这就是教育所追求的最高境界——享受学习。④激发了学生的学习兴趣。“游戏闯关”项目教学的每个项目结束后,对闯关成功的学生来说因升“级”而感到无比自豪,这种自豪成为他再次闯关的动力;对闯关不成功的学生来说因“落后”而感到无形压力,这种压力成为他继续挑战的动力。

(2) 本书体现了“学生本位”的教学理念。游戏闯关项目教学是一种以行动为导向、以游戏难关为引领、以学生为中心的教学方法,它更多地尊重学生主体,鼓励学生,主动参与挑战,使他们从“被动完成任务”向“主动地创造性完成任务”。学生从原来的知识的接受者转变为学习活动的主人,成为知识的主动探求者。教师从原来传统教学中的知识传授者转变为知识传递过程的组织者、引导者、促进者、评判者与协调者。

(3) 本书符合职业学校学生的认知规律。本书根据学生理论基础薄弱的特点编写,把有关知识和技能,按由浅入深螺旋式上升的原则巧妙地设置为不同级别的“工作任务”。在充分考虑学生接受能力的基础上,尽可能地设计出丰富多彩的趣味性强、学生能接受的难关,这样既符合中职学生认知规律,又符合“实践出真知”原则,强化了学生主动学习,让学生在高度兴奋中积极主动地完成教学项目或工作学习任务,从而获得技术操作能力。

本书是数控技术应用专业及机械类相关专业的核心教材。数控车削编程及加工分为初级和中级两本,共11关。本书是第一本,有学徒入门关、正式学徒关、初级学徒关、中级学徒关、高级学徒关5关,后面有4个附录。第二本书有员工入门关、蓝领员工关、灰领员工关、粉领员工关、白领员工关、金领员工关6关,后面有4个附录。每关有2~3个任务,只有任务都完成并合格,才能进入下一关的学习。这些关卡包括数控车床加工的基本操作、基本编程、机床保养,工艺安排、典型零件加工。学完两本书,最终达到国家职业资格数控车床加工中级工技能水平。

本书建议学时为104学时，具体学时分配见下表。

项　目	项目名称	课　时
项目1	数控车床加工入门(学徒入门关)	16
项目2	简单轴类零件的加工(正式学徒关)	20
项目3	简单圆弧面零件的加工(初级学徒关)	20
项目4	单向渐进式轴类零件的加工(中级学徒关)	24
项目5	初级工综合训练题(高级学徒关)	24
合　计		104

本书由中山市第一中等职业技术学校龙卫平担任主编，中山市技师学院高升和中山市中等专业学校徐灵敏担任副主编，参加编写工作的还有张浩、吕世国、陈未峰、郑如祥、赵荣欢、王高满等。特别感谢龙卫平名师工作室肖祖政、蒋灯等其他成员协助完成零件样件加工，也感谢中山市第一中等职业技术学校刘彤协助完成操作视频制作。

本书在编写过程中参考了大量的文献资料，在此向文献资料的作者致以诚挚的谢意。由于编者水平有限，书中难免有错误和不妥之处，恳请广大读者批评、指正。了解更多教材信息，请关注微信订阅号：Coibook。

编　者

2016年12月

CONTENTS

目录

目录

项目1

数控车床加工技术入门(学徒入门关)

本关主要学习内容：了解数控车床基本结构；掌握数控车床基础知识；掌握FANUC数控系统控制面板使用；掌握采用试切对刀的方法设置工件坐标系；掌握并严格遵守数控车床的安全操作规程；能按车间管理规定清理场地、按类放置物品，养成安全文明生产的习惯；学会数控车床基本操作；能写出完成此项任务的工作小结。本关有两个学习任务，一个任务是数控车床基本操作；另一个任务是数控车床对刀操作。

任务1　数控车床基本操作

任务描述

通过本任务的学习，了解数控车床基本结构；认识FANUC数控系统操作面板、控制面板及其各功能区域的主要作用；掌握面板功能按键操作方法；学会数控车床基本操作。

学习目标

1. 掌握FANUC数控系统操作和控制面板上功能按键的含义及用途。
2. 掌握数控车床基础知识，学会数控车床基本操作。
3. 严格掌握和执行数控车床加工的安全操作规程。
4. 遵守和执行车间管理规定，按7S管理要求清理场地、按类放置物品，养成安全全文明生产的习惯。
5. 能写出完成此项任务的工作小结。

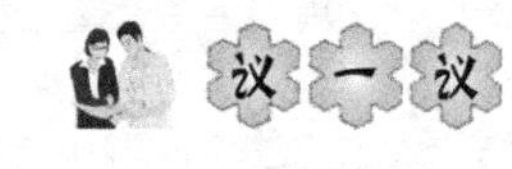

填写表 1-1-1 数控车床基本操作的学习任务分析。

表 1-1-1　数控车床基本操作任务分析表

分析项目		分析结果
做什么	1. 数控车床由哪几部分组成？	
	2. 显示器的主要功能是什么？	
	3. 机床控制面板可进行哪些操作？	
	4. MPG 手持单元由哪几部分组成？	
	5. 急停按钮的作用是什么？在什么情况下需要按下急停按钮？	
	6. 返回参考点的目的与操作方法是什么？	
	7. 发生超程的原因及如何解除超程。	
	8. 注意事项：	
怎么做	1. 起动、暂停、关闭数控车床。	
	2. 手动移动刀架(快、慢)。	
	3. 正转、反转、停止主轴转动。	
	4. 进行数控车床的保养与维护。	
	5. 超程后，解除超程。	
要完成这个任务	1. 最需要解决的问题是什么？	
	2. 最难解决的问题是什么？	

一、数控车床安全操作规程

1. 安全操作的注意事项

(1) 工作时请穿好工作服、安全鞋，戴好工作帽及防护镜，不允许戴手套操作车床。

(2) 不要移动或损坏安装在车床上的警告标牌。

(3) 不要在车床周围放置障碍物，工作空间应足够大。

(4) 某一项工作如需要两人或多人共同完成时，应注意相互间的协调一致，同一时间只允许一人操作车床。

(5) 不允许采用压缩空气清洁车床的电气柜及 NC 单元。

(6) 使用车间内设备及工具、量具等必须服从所在车间老师的管理。

(7) 未经老师允许，不得随意开动车床，禁止从事一些未经教学人员同意的工作，不得随意触摸、起动各种开关。

(8) 任何人使用车床时,必须遵守操作规程。

(9) 禁止私自改变车床内部参数设置。

(10) 实训学生必须服从教学人员的安排,禁止在车间内大声喧哗、嬉戏追逐。

2. 工作前的准备工作

(1) 车床开始工作前要预热,认真检查润滑系统是否正常工作,并确保有足够的润滑油。

(2) 使用的刀具应与车床允许的规格相符,严重破损的刀具要及时更换。

(3) 调整刀具所用的工具不要遗忘在车床内。

(4) 大尺寸轴类零件的中心孔要合适,中心孔太小,工作中易发生危险。

(5) 刀具安装好后应进行一两次试切削。

(6) 设置卡盘运转时,应让卡盘卡住一个工件,负载运转。

(7) 禁止卡爪张开过大或空载运行,空载运行时容易使卡盘松懈,导致卡爪飞出伤人。

(8) 车床开始自动加工前,必须关好车床防护门。

3. 工作过程中的安全注意事项

(1) 禁止用手接触刀尖和铁屑,铁屑必须要用铁钩子或毛刷来清理。

(2) 禁止用手或其他任何方式接触正在旋转的主轴、工件或其他运动部位。

(3) 车床工作时,操作者不能离开车床,当程序出错或车床性能不稳定时,应立即停车,请示老师,消除故障后方能重新开机操作。

(4) 在加工过程中,不允许打开车床防护门。

(5) 在车床实操时,只允许一名操作员单独操作,其余非操作的同学应离开工作区。

(6) 实操时,同组同学要注意工作场所的环境,互相关照,互相提醒,防止发生人员或设备的事故。

(7) 学生必须在操作步骤完全清楚的情况下进行操作,遇到问题立即向教师询问,禁止在不知道规程的情况下进行尝试性操作,操作中如车床出现异常,必须立即向指导教师报告。

(8) 手动原点回归时,注意车床各轴位置要距离原点－100mm 以上,车床原点回归顺序:首先＋X 轴,其次＋Z 轴。

(9) 使用手轮或快速移动方式移动各轴位置时,一定要看清车床 X、Z 轴各方向"＋、－"号标牌后再移动,移动时先慢转手轮观察车床移动方向,确认无误后方可加快移动速度。

(10) 学生编完程序或将程序输入车床后,须先进行图形模拟,准确无误后再进行车床试运行,并且刀具应离开工件端面 200mm 以上。

(11) 程序运行注意事项:①对刀应准确无误,刀具补偿号应与程序调用刀具号相符。②检查车床各功能按键的位置是否正确。③光标要放在主程序头。④检查冷却液是否能正常工作。⑤站立位置应合适,起动程序时,右手作按停止按钮的准备,程序在运行当中手不能离开停止按钮,如有紧急情况立即按下停止按钮。⑥车床出现故障时,应立即切断电源,并报告现场老师,勿带故障操作和擅自处理。现场教学人员应做好相关记录。

(12) 加工过程中认真观察切削及冷却状况,确保车床、刀具的正常运行及工件的质量,并关闭防护门以免铁屑、润滑油飞出。

(13) 在程序运行中须暂停,测量工件尺寸时,要待车床完全停止、主轴停转后方可进行测量。

(14) 停机时,需要触摸工件、刀具或主轴时要注意是否烫手,小心灼伤。

(15) 关机时,要等主轴停转约 3min 后方可关机。

(16) 未经许可,禁止打开电器箱。

(17) 各手动润滑点,必须按说明书要求润滑。

4. 工作完成后的注意事项

(1) 任何人在使用设备时,都应把刀具、工具、量具、材料等物品整理好,并做好设备的清洁和日常设备的维护工作。

(2) 要保持工作环境的清洁,每天下课前 10min,要清理工作场所,登记当天的设备使用记录。

(3) 检查润滑油、冷却液的状态,及时添加或更换。

(4) 依次关掉车床操作面板上的电源和总电源。

二、数控车床基本结构

数控车床的布局形式与普通车床基本一致,如图 1-1-1 所示。与普通车床相比,数控车床的刀架和导轨布局形式有很大变化,直接影响着数控车床的使用性能及车床的结构和外观。数控车床上都设有封闭的防护装置。数控车床一般由控制系统、数控系统、伺服系统和车床本体四个部分组成。

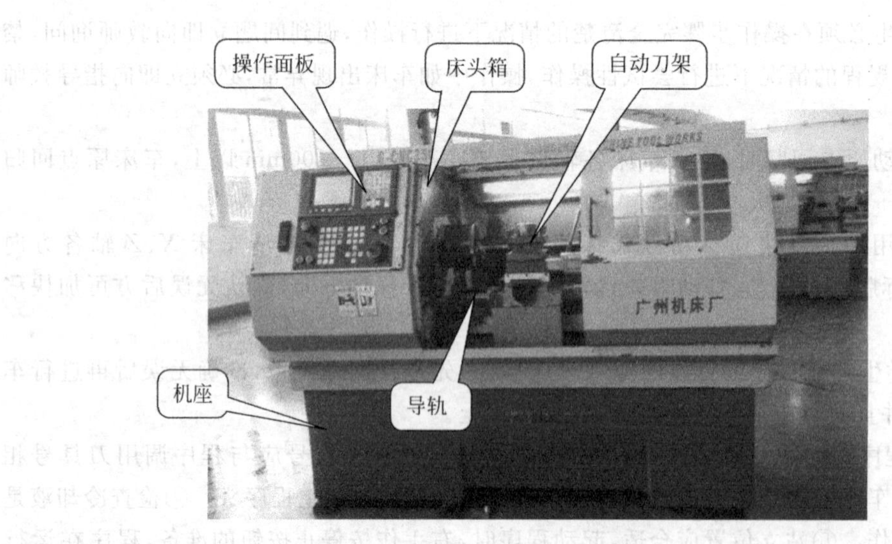

图 1-1-1 数控车床结构

三、数控车床操作面板功能介绍(FANUC 系统)

(一) 数控车床系统操作面板

1. CRT/MDI 数控系统操作面板

图 1-1-2 中所示是 BEIJING-FANUC Series 0*i* Mate-TB 数控车床面板,其中虚线框中是数控系统的 MDI 操作面板,其按键说明见表 1-1-2。

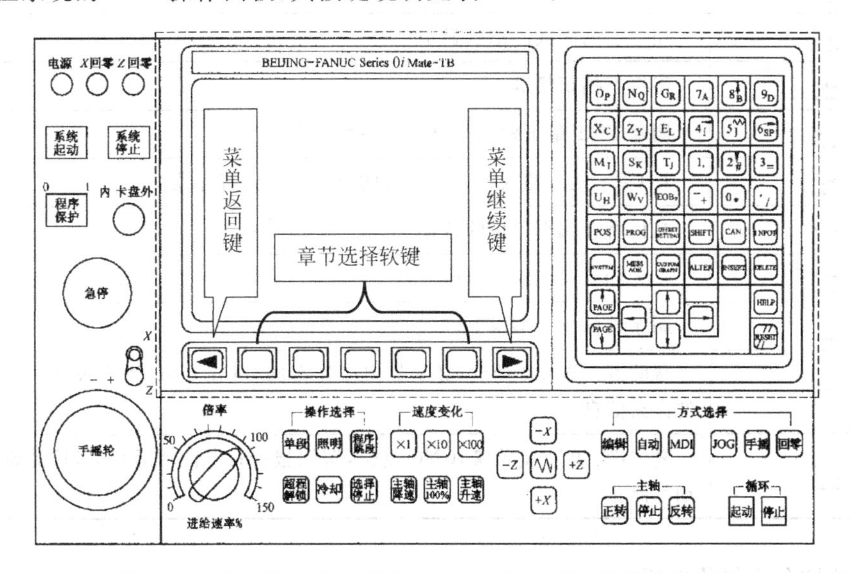

图 1-1-2 BEIJING-FANUC Series 0*i* Mate-TB 数控车床面板

表 1-1-2 BEIJING-FANUC Series 0*i* Mate-TB 数控系统 MDI 按键说明

MDI 软键	功 能
↑PAGE PAGE↓	↑PAGE 向上翻页;PAGE↓ 向下翻页
↑ ← ↓ →	光标键
OP NQ GR XC ZY EL MI SK TJ UH WV EOBE	地址字符键:单击 SHIFT 键后再单击字符键,将输入右下角的字符;用“EOB”输入“;”,表示程序段结束等
7A 8B 9D 4[5] 6SP 1, 2# 3= -+ 0. ./	数字字符键:单击 SHIFT 键后再单击字符键,将输入右下角的字符
POS	显示坐标值

续表

MDI 软键	功　能
PROG	进入程序编辑和显示画面
OFFSET SETTING	设定、显示刀具补偿值和其他数据
SYS-TEM	系统参数的设定及显示
MESS-AGE	显示各种信息
CUSTOM GRAPH	用户宏画面或图形的显示
SHIFT	字符上挡切换键
CAN	删除 CRT 最下输入行显示的最后一个字符
INPUT	将 CRT 最下输入行显示出来的数据移入到寄存器
ALTER	光标所在编辑单位的替换
INSERT	在光标后插入编辑单位
DELETE	删除光标所在编辑单位
HELP	帮助键：单击帮助键，显示如何操作车床，可在 CNC 发生报警时提供报警的详细信息
RESET	复位键：单击复位键，CNC 复位，解除报警；当自动运行时，按此键所有运动都停止

2．数控车床操作面板

图 1-1-2 中除虚线框以外的面板是 BEIJING-FANUC Series 0*i* Mate-TB 系统 CKA6150 数控车床的操作面板，其按键说明见表 1-1-3。

表 1-1-3　BEIJING-FANUC Series 0*i* Mate-TB 系统按键说明

按　钮	名　称	功能说明
系统自动	数控系统电源开关	起动数控系统
系统停止		关闭数控系统
循环：起动、停止	循环起动/停止	起动：自动运行开始，系统处于“自动运行”或“MDI”位置时有效，其余方式下无效。 停止：自动运行停止，进给保持
超程解锁	超程解锁	车床超程释放，与点动键同时按
(快速按钮图标)	快速按钮	在手动方式下，按下此钮，系统进入手动快速移动状态

续表

按　　钮	名　　称	功能说明
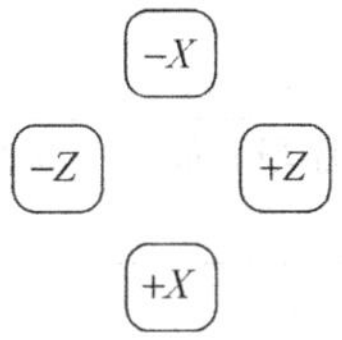 −X −Z +Z +X	手动进给按钮	手动进给点动
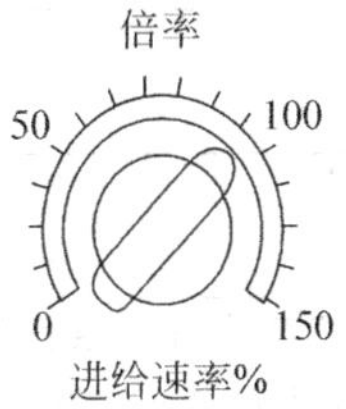 倍率 50 100 0 150 进给速率%	进给倍率开关	有级调整进给速度，实际进给速度＝编程进给速度（F 值）×倍率百分比
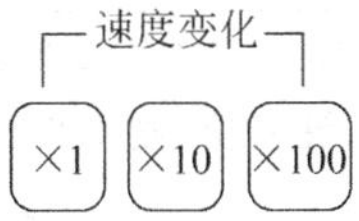 速度变化 ×1 ×10 ×100	手轮倍率、坐标轴增量值按键	摇手轮时：表示手轮移动倍率旋钮，×1、×10、×100 分别代表手轮转过一个刻度时车床的移动量为 0.001mm、0.01mm、0.1mm。 按坐标轴键时：表示增量进给，×1、×10、×100 分别代表按一下坐标轴键车床的移动量为 0.001mm、0.01mm、0.1mm
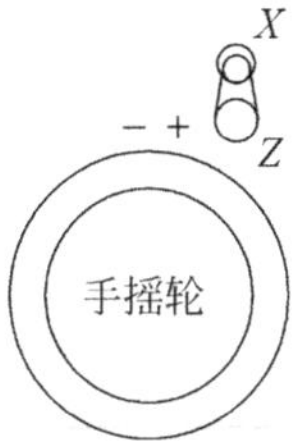 X Z − + 手摇轮	手轮	手轮，顺时针转动时车床向正向移动；逆时针转动时车床向负向移动
 主轴降速 主轴100% 主轴升速	主轴倍率开关	有级调整主轴转速
 主轴 正转 停止 反转	主轴动作开关	正反转起动、停止主轴转动，JOG 状态有效
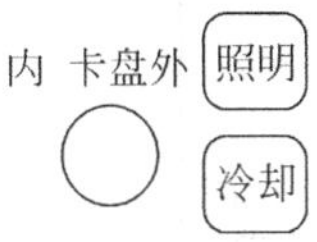 内 卡盘外 照明 冷却	辅助功能开关	内卡盘：正装三爪。 外卡盘：反装三爪。 照明：车床照明切换开关。 冷却：冷却液供给切换开关
 0 1 程序保护	程序保护钥匙开关	0：可以修改程序等。 1：不能修改程序等
 编辑	编辑方式	程序编辑状态，用于输入数控程序和编辑程序

续表

按　钮	名　称	功能说明
自动	自动方式	自动运行方式
MDI	MDI 方式	MDI 方式，手动输入并可执行程序段；最多一次可编写、执行 10 条程序段
手摇	手轮方式	手轮进给
JOG	JOG 方式	手动点动进给
回零	回参考点方式	返回参考点
单段	单程序段方式	按下该键后，每按一次“循环起动”键执行一条程序段；该键复位，则退出该状态。在自动方式下有效
程序跳段	跳读方式	按下该键后，数控程序中的跳读符号“/”有效；该键复位，则退出该状态。在自动方式下有效
选择停止	选择停止方式	按下该键后，程序中 M01 指令有效，程序暂停，重新按“循环起动”键执行后续程序；该键复位，则退出该状态。在自动方式下有效

（二）手动操作

1. 起动车床

车床的起动操作见表 1-1-4。

表 1-1-4　起动车床

步骤	操作动作	车床执行动作或 CRT 显示画面
1	给车床电柜通电	电源指示灯亮
2	按“系统起动”键，等待数秒	CRT 显示绝对坐标画面，如图 1-1-3 所示，车床起动就绪 现在位置(绝对坐标)　O0000　N00000 X　-23.000 Z　-45.000 加工部品数　0 连接时间　0H 0M　切削时间　0H 0M 0S MEM **** *** ***　15 : 20 : 04 [绝对][相对][综合][HNDL][(操作)] 图 1-1-3　车床起动就绪画面

2. 关闭车床

车床的关闭操作见表 1-1-5。

表 1-1-5　关闭车床

步骤	操 作 动 作	车床执行动作或 CRT 显示画面
1	按“系统停止”键	CRT 黑屏，数控系统的电源断开
2	关车床电柜开关	电源指示灯熄灭，车床断电

3. 回参考点

车床回参考点操作见表 1-1-6。

表 1-1-6　回参考点

步骤	操 作 动 作	车床执行动作或 CRT 显示画面
1	按“回零”键	选择回零方式
2	按手动进给按钮“＋X”键	*X* 轴移动，CRT 显示 *X* 轴坐标在变动；“X 回零”指示灯亮，该轴返回参考点完成
3	按手动进给按钮“＋Z”键	*Z* 轴移动，CRT 显示 *Z* 轴坐标在变动；“Z 回零”指示灯亮，该轴返回参考点完成
4	按图 1-1-4 中“综合”软键	CRT 显示如图 1-1-4 所示画面。图中各坐标轴的机械坐标值为零，表示参考点与车床原点重合 现在位置　(绝对坐标)　O0000　N00000　(绝对坐标) U　120.000　X　23.000 W　240.000　Z　45.000 (机械坐标)　(余移动量) X　0.000　X　0.000 Z　0.000　Z　0.000 加工部品数　0 运转时间　0H 0M　切削时间　0H 0M 0S MEM **** *** ***　15:36:03 [绝对][相对][综合][HNDL][(操作)] 图 1-1-4　综合坐标画面

注：

(1) 增量式位置反馈系统，开机后必须执行回参考点操作，这是正确建立车床坐标系的唯一方法。

(2) *X* 轴先回零，可以防止发生撞刀事故。

(3) 车床加工中发生以下情况，必须重新回参考点：①发生撞刀，影响控制精度；②车床坐标轴超程；③车床坐标轴锁紧，执行空运行校验程序。

(4) 坐标轴回参考点时，进给倍率修调有效。

4. 手动进给 JOG

车床的手动进给操作见表 1-1-7。

表 1-1-7 手动进给

步骤	操作动作	车床执行动作或 CRT 显示画面
1	按"JOG"键	选择手动进给 JOG 方式
2	按下面任意键 −X −Z +Z +X	刀架在该方向移动，按一下，刀架动一下，不按不动，在显示器中可见坐标有变化。刀架移动快慢可由进给倍率旋钮修调
3	同时按下 −X −Z +Z +X 任意键 + 快速键	刀架在该轴方向快速移动，不按则停

注：这种操作用于长距离、粗略移动刀架。移动刀架要防止超程。

5. 手轮进给

车床的手轮进给操作见表 1-1-8。

表 1-1-8 手轮进给

步骤	操作动作	车床执行动作或 CRT 显示画面
1	按"手摇"键	选择手轮进给方式
2	选择手轮控制轴"X"或"Z" X − + Z 手摇轮	选择要移动的坐标轴
3	按任意键 速度变化 ×1 ×10 ×100	手轮每转一格，刀架移动距离分别是 0.001mm、0.01mm 或 0.1mm。 手轮顺时针转动，刀架正向移动。 手轮逆时针转动，刀架负向移动

注：此模式可使刀架移动的距离和方向得到精准控制。

6. 主轴手动操作

(1) 主轴起动。车床的主轴起动操作见表 1-1-9

表 1-1-9 主轴起动

步骤	操作动作	车床执行动作或 CRT 显示画面
1	按“MDI”键	选择 MDI 手动数据输入方式
2	按“PROG”程序键	CRT 显示画面如图 1-1-5 所示 PROGRAM (MDI) 0010 00002 O0000; G00 G90 G94 G40 G80 G50 G54 G69 G17 G22 G21 G49 G98 G67 G64 G15 B H M T D F S >_ MDI **** *** *** 20:40:05 (PRGRM) (MDI) (CURRNT) (NEXT) ((OPRT)) 图 1-1-5 MDI 数据输入界面
3	键入程序段,如 M03S600;或 M04 S600;	设定主轴的转向和转速
	按“INPUT”键	输入该程序段
4	按循环方式中“起动”键 循环 起动 停止	主轴以设定的转速和转向进行旋转

(2) 主轴停转或换向。车床的主轴停转或换向操作见表 1-1-10。

表 1-1-10 主轴停转或换向

步骤	操作动作	车床执行动作或 CRT 显示画面
1	在 MDI 方式下正确起动主轴	主轴旋转
2	按“JOG”或“手摇”键	选择 JOG 方式或手轮方式
3	按“停止”键 主轴 正转 停止 反转	主轴停止转动
4	按相反的转向键	主轴变向转动

注:

(1) 主轴正转期间要反转,则必须先按“主轴停止”按钮,使主轴停止,再按“反转”按钮。所以,切换主轴转向,必须先停后起动。

(2) 用液压卡盘的车床,要先锁紧卡盘,才能起动主轴。

(3) 主轴停转时若按 MDI 面板上“RESET”复位键,转速数据被清零,下一步不能直接起动主轴旋转。

(3) 主轴转速调整。车床的主轴转速调整操作见表 1-1-11。

表 1-1-11　主轴转速调整

<table>
<tr><th>步骤</th><th colspan="2">操作动作</th><th>车床执行动作或 CRT 显示画面</th></tr>
<tr><td>1</td><td colspan="2">在 MDI 方式下正确起动主轴</td><td>主轴以设定的转速旋转</td></tr>
<tr><td>2</td><td colspan="2">按“JOG”或“手摇”键</td><td>选择“JOG”或“手轮”模式</td></tr>
<tr><td rowspan="3">3</td><td rowspan="3">按主轴倍率开关</td><td>主轴降速</td><td>每按一下，主轴转速减 10%，最多可修调到 50%</td></tr>
<tr><td>主轴100%</td><td>主轴转速固定为程序中设定的转速（包括 MDI 程序和自动运行程序）</td></tr>
<tr><td>主轴升速</td><td>每按一下，主轴转速增 10%，最多可修调到 120%</td></tr>
</table>

7. 超程解锁

当车床移动超过行程极限并且超程解锁按钮指示灯亮起时，说明车床“硬超程”，此时 CRT 屏幕上闪烁“准备不足”的报警信号，不能移动车床。这时需解除超程，其操作过程见表 1-1-12。

表 1-1-12　超程解锁

步骤	操作动作	车床执行动作或 CRT 显示画面
1	按“JOG”键	选择“JOG”方式
2	按 MDI 面板中“POS”键	看清哪个坐标轴在哪个方向超程
3	同时按下“超程解锁”键和“超程反向移动轴”键	车床脱离极限而回到工作行程内（切忌方向搞错）
4	按“RESET”键	解除报警状态，车床进入规定行程范围内

8. 急停按钮

在手动操作或自动运行期间，出现紧急状态时按此按钮，车床各部分将全部停止运动，NC 系统复位。有回零要求和软件超程保护的车床在按急停按钮后，必须重新进行回参考点操作，否则刀架的软件限位将不起作用。

待故障排除后，顺时针方向转动急停按钮使其弹起恢复原位，不要拉拔。

（三）程序编辑

1. 程序保护

“程序保护”开关是一个钥匙开关，用来防止破坏内存程序等。当该开关在“1”位置时，内存程序受到保护，即不能对程序进行编辑；在“0”位置时，内存程序不受保护，可对程序进行编辑。

2. 输入新程序

输入新程序操作见表 1-1-13。

表 1-1-13　输入新程序

<table>
<tr><th>步骤</th><th>操 作 动 作</th><th>车床执行动作或 CRT 显示画面</th></tr>
<tr><td>1</td><td>“程序保护”开关在“0”位</td><td>“程序保护”开关解锁</td></tr>
<tr><td>2</td><td>按“编辑”键</td><td>选择编辑方式</td></tr>
<tr><td>3</td><td>按 MDI 面板中“PROG”键</td><td rowspan="5">CRT 显示如图 1-1-6 所示画面
PROGRAM　O0040 N00012
O0040 ;
N10 G92 X0 Y0 Z0 ;
N12
%
>
EDIT **** *** ***　13 : 18 : 08
[PRGRM] [LIB] [ ] [C.A.P] [(OPRT)]
图 1-1-6　新程序输入画面</td></tr>
<tr><td>4</td><td>键入程序号，如 O0040</td></tr>
<tr><td>5</td><td>按“INSERT”键</td></tr>
<tr><td rowspan="2">6</td><td>按“EOB”键</td></tr>
<tr><td>按“INSERT”键</td></tr>
<tr><td>7</td><td>输入程序段，以“EOB”键结束</td><td rowspan="2">程序中添加新的程序段，如“N10 G92 X0 Y0 Z0;”，光标自动换行并出现“N12”字符，表示程序段号以 2 为间隔自动增加</td></tr>
<tr><td>8</td><td>按“INSERT”键输入一个完整的程序段</td></tr>
</table>

3. 编辑程序

（1）前台编辑。前台编辑操作见表 1-1-14。

表 1-1-14　前台编辑

<table>
<tr><th>步骤</th><th>操 作 动 作</th><th>车床执行动作或 CRT 显示画面</th></tr>
<tr><td>1</td><td>按“编辑”键</td><td>选择编辑方式，程序的生成、修改必须在此方式下进行</td></tr>
<tr><td>2</td><td>按“PROG”键</td><td>CRT 显示如图 1-1-6 所示画面</td></tr>
<tr><td>3</td><td>键入程序号 O1234</td><td rowspan="2">打开该程序，如图 1-1-7 所示
程序　O1234　N00000
O1234
N00001 G50 X100 Z100 ;
N00005 M03 S500 T0101 ;
N00010 G00 X30 Z5 ;
N00015 G01 X30 Z-20 F0. 15 ;
N00020 G00 X100 Z100 ;
N00025 M02 ;
%
>_
EDIT **** *** ***　17 : 07 : 10
[程序][DIR][ ][ ][(操作)]
图 1-1-7　程序编辑界面</td></tr>
<tr><td></td><td>按光标键“↓”，检索程序</td></tr>
</table>

续表

步骤	操作动作	车床执行动作或CRT显示画面
4	光标定位后，可进行字的插入、替换、删除等操作	与通用计算机文字修改方式类似
5	输入程序段号＋"；"	删除从程序段号开始到"；"号结束的整个程序段
	按"DELETE"键	
6	输入程序号，如"O1234"，按"DELETE"键	删除一个程序O1234，包括正在编辑的程序

(2) 后台编辑。后台编辑操作见表1-1-15。

这种编辑方式常用在程序自动运行期间，以使程序编辑与自动加工同时进行，减少车床停机编程的时间，提高加工效率。

表 1-1-15 后台编辑

步骤	操作动作	车床执行动作或CRT显示画面
1	按图1-1-7中的[操作]软键	CRT显示如图1-1-8所示画面 程序 O1234 N00000 O1234 N00001 G50 X100 Z100 ; N00005 M03 S500 T0101 ; N00010 G00 X30 Z5 ; N00015 G01 X30 Z-20 F0. 15 ; N00020 G00 X100 Z100 ; N00025 M02 ; % >____ EDIT **** *** *** 17 : 07 : 40 [BG - EDT] [O检索][检索 ↓][检索 ↑] [REWTND] 图1-1-8 程序操作界面
2	按图1-1-8中的[BG-EDT]软键	CRT显示如图1-1-9所示画面，进入后台编辑，图中左上角"程式(后台编辑)"是后台编辑方式的标记 程序(后台编辑) O0000 N00000 >_ MEM×××× ××× ××× 09:30:23 [-BG-END][O搜索][搜索↑] [搜索↓][返回] 图1-1-9 后台编辑界面

续表

步骤	操 作 动 作	车床执行动作或 CRT 显示画面
3	在图 1-1-8 中,用通常的程序编辑方法编辑程序	编辑程序
4	后台编辑完成后,按图 1-1-8 中[BG-END]软键	返回前台(正常)编辑方式

做一做

任务实施

(1) 软件界面功能认识;

(2) 数控车床上电、关机、急停、主轴正反转、主轴停止练习;

(3) 车床手动操作 X 轴、Z 轴的正、负方向移动练习;

(4) 车床手动数据输入(MDI)运行练习:调用 4 号刀具的方法;主轴正转 500r/min;

(5) 新建程序 O1111,并通过面板输入车床中:

```
O1111;
N10 T0101 M03 S500;
N20 G00 X100 Z100;
N30 X47 Z2;
N40 G71 U1 R0.5;
N50 G71 P60 Q140 U0.5 W0 F150;
N60 G0 X28;
N70 G01 Z0 F50;
N80 X30 Z-1;
N90 Z-24;
N100 X26 W-1;
N110 X41;
N120 X43 W-1;
N130 Z-40;
N140 X44;
N150 G00 X100 Z100 M05;
N160 M30;
%
```

(6) 编辑与修改程序:

① 将 O1111 程序中的“U1”替换为“U1.5”;

② 删除 O1111 程序中 N120 程序段中的“W—1”;

③ 删除 O1111 程序中 N70 程序段;

④ 在 O1111 程序中 N110 程序段中加入“W—3”;

(7) 删除程序:O1111;

(8) 调出已有程序。

情景链接,视频演示

如果不会操作时,可以扫描以下二维码观看视频,视频演示可作为操作的示范。

数控车床对刀操作.mp4

根据表 1-1-16 中各项指标，进行学习评价。

表 1-1-16 评分标准表

序号	考核项目	考核内容	配分	评分标准	自评 20%	组评 30%	师评 50%
1	数控车床基本操作	数控车床的起动和关闭	5	FANUC 数控操作规程			
2		回参考点	5				
3		主轴正转、反转、停止	5				
4		主轴转速调整	5				
5		手动方式进给(快与慢)	10				
6		手轮方式进给(快与慢)	10				
7		急停操作	5				
8		调用和新建程序	5				
9		程序的输入	5				
10		程序的编辑与删除	5				
11		程序校验操作	5				
12		MDI 方式运行操作	10				
13		超程解除操作	10				
14		数控车床保养	10				
15		安全文明生产	5				
合计			100				

完成任务后，请同学们进行总结与反思，对本任务有何体会和感悟，请填写在表 1-1-17 中。

表 1-1-17 体会与感悟

项目	体会与感悟
最大收获	
存在问题	
改进措施	

过关考试

一、单项选择题

1. 不符合着装整洁文明生产要求的是(　　)。

A. 按规定穿戴好防护用品　　B. 工作中对服装不作要求

B. 遵守安全技术操作规程　　D. 执行规章制度

2. 安全管理可以保证操作者在工作时的安全或提供便于工作的(　　)。

A. 生产场地　　B. 生产工具　　C. 生产空间　　D. 生产路径

3. 操作面板的功能键中,用于程序编制显示的键是(　　)。

A. POS　　B. PROG　　C. ALARM　　D. PAGE

4. 手动移动刀具时,每按动一次只移动一个设定单位的控制方式称为(　　)。

A. 跳步　　B. 点动　　C. 单段　　D. 手轮

5. 数控车床一般由(　　)组成。

A. 数控程序及存储介质　　B. 输入/输出设备

C. 计算机数控装置、伺服系统　　D. 车床本体组成

6. 数控车床的刀架转位换刀过程是(　　)。

A. 接受转刀指令→松开夹紧机构→分度转位→粗定位→精定位→锁紧→发出动作完成后的回答信号

B. 接受转刀指令→松开夹紧机构→粗定位→分度转位→精定位→锁紧→发出动作完成后的回答信号

C. 接受转刀指令→松开夹紧机构→粗定位→分度转位→锁紧→精定位→发出动作完成后的回答信号

D. 松开夹紧机构→接受转刀指令→分度转位→粗定位→精定位→发出动作完成后的回答信号→锁紧

7. 一个完整的加工程序由若干(　　)组成,程序的开头是程序号,结束时写有程序结束指令。

A. 程序段　　B. 字符串　　C. 数值字　　D. 字节

8. 生产中常用的车床,必须有可靠的(　　)点,才能保证安全。

A. 接零　　B. 接地　　C. 连接　　D. 连通

9. 单段停指示灯亮,表示程序(　　)。

A. 连续运行　　B. 单段运行　　C. 跳段运行　　D. 以上都不是

10. 键盘上“ENTER”键是(　　)键。

A. 参数　　B. 回车　　C. 命令　　D. 退出

二、简答题

1. 说出数控车床加工的安全操作规程。

2. 如图 1-1-10 所示，说出数控车床操作面板按键的作用。

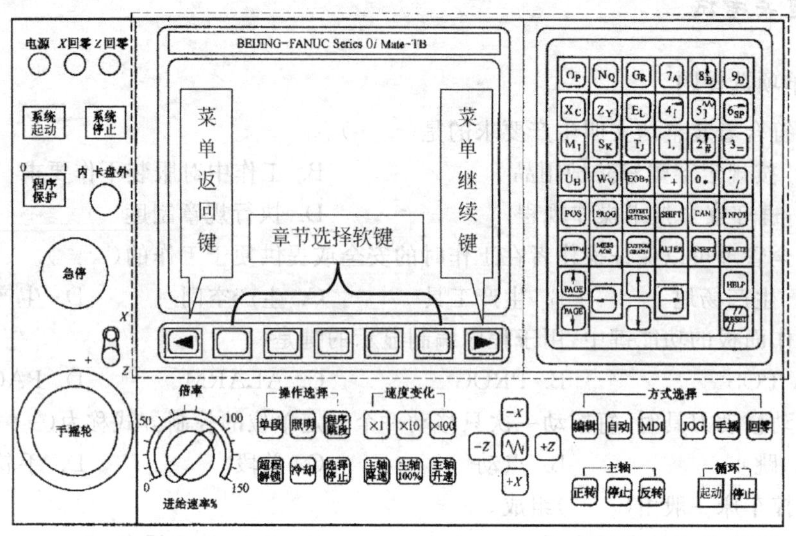

图 1-1-10　BEIJING-FANUC Series 0i Mate-TB 数控车床面板

恭喜你完成并通过了第 1 个任务，获得 50 个积分，请继续加油，期待你闯过学徒入门关。

任务 2　数控车床对刀操作

任务描述

通过本任务的学习，了解对刀的原理、对刀点、换刀点等相关知识；进行车刀安装和对刀操作；用试切法对刀操作并建立工作坐标系。

1. 理解数控车床坐标系。
2. 掌握确定坐标轴的方法。
3. 掌握车刀的安装方法。
4. 掌握对刀操作的方法及对刀参数的设置。
5. 能够说出数控车床的车床原点、参考点、编程原点的概念与关系。

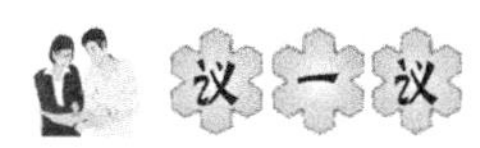

填写表 1-2-1 数控车床对刀技术的学习任务分析。

表 1-2-1 数控车床对刀技术任务分析表

分析项目		分析结果
做什么	1. 数控车床坐标轴有几个？如何确定各轴方向？	
	2. 车床坐标系、车床零点、车床参考点的含义与位置关系是什么？	
	3. 什么是工作坐标系？	
	4. 什么是程序原点？	
	5. 什么是对刀点？	
怎么做	1. 需要什么刀具？	
	2. 怎么安装车刀？	
	3. 怎么用试切法对刀？	
	4. 怎么设置基准刀？	
	5. 怎么设置第二把刀具的刀补？	
要完成这个任务	1. 最需要解决的问题是什么？	
	2. 最难解决的问题是什么？	

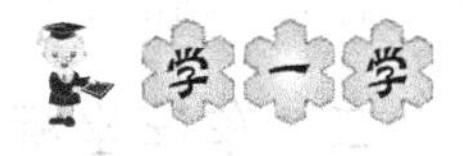

一、数控车床坐标轴

为简化编程和保证程序的通用性，对数控车床的坐标轴和方向命名制定了统一的标准，规定直线进给坐标轴用 X、Y、Z 表示，常称基本坐标轴。X、Y、Z 坐标轴的相互关系用右手定则决定，如图 1-2-1 所示，图中右手大拇指的指向为 X 轴的正方向，食指指向为 Y 轴的正方向，中指指向为 Z 轴的正方向。

围绕 X、Y、Z 轴旋转的圆周进给坐标轴分别用 A、B、C 表示，根据右手螺旋定则，如图 1-2-1 所示，以大拇指指向 $+X$、$+Y$、$+Z$ 方向，则食指、中指等的指向是圆周进给运动的 $+A$、$+B$、$+C$ 方向。

数控车床的进给运动，有的由主轴带动刀具运动来实现，有的由工作台带着工件运动来实现。上述坐标轴正方向，是假定工件不动，刀具相对于工件做进给运动的方向。如果是工件移动则用加“′”的字母表示，按相对运动的关系，工件运动的正方向恰好与刀具运动的正方向相反，即有：

$$+X=-X',\quad +Y=-Y',\quad +Z=-Z'$$
$$+A=-A',\quad +B=-B',\quad +C=-C'$$

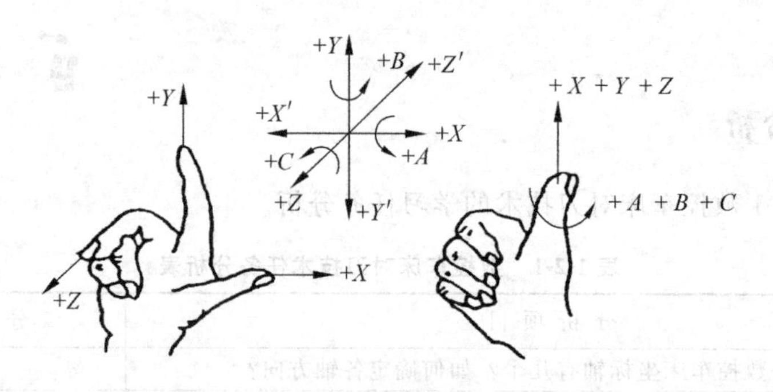

图 1-2-1 车床坐标系

同样两者运动的负方向也彼此相反。

车床坐标轴的方向取决于车床的类型和各组成部分的布局，如图 1-2-2 所示的车床坐标轴及其方向：

Z 轴与主轴轴线重合，沿着 *Z* 轴正方向移动将增大零件和刀具间的距离。

X 轴垂直于 *Z* 轴，对应于转塔刀架的径向移动，沿着 *X* 轴正方向移动将增大零件和刀具间的距离。

Y 轴(通常是虚设的)与 *X* 轴和 *Z* 轴一起构成遵循右手定则的坐标系统。

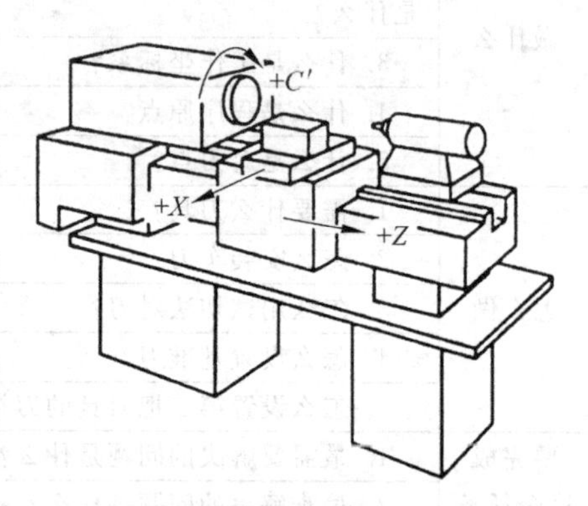

图 1-2-2 车床坐标轴及其方向

二、车床坐标系、车床零点和车床参考点

1. 车床坐标系、车床零点和车床参考点

车床坐标系是车床固有的坐标系。车床原点或车床零点是指车床坐标系的原点。在车床经过设计、制造和调整后，这个原点便被确定下来，它是固定的点。数控装置上电时并不知道车床零点，为了正确地在车床工作时建立车床坐标系，通常在每个坐标轴的移动范围内设置一个车床参考点(测量起点)，车床起动时，通常要进行机动或手动回参考点，以建立车床坐标系。

2. 车床零点和车床参考点之间关系

车床参考点可以与车床零点重合，也可以不重合，通过参数指定车床参考点到车床零点的距离。车床回到了参考点位置，也就知道了该坐标轴的零点位置，找到所有坐标轴的参考点，CNC 就建立起了车床坐标系。车床坐标轴的机械行程是由最大和最小限位开关来限定的。车床坐标轴的有效行程范围是由软件限位来界定的，其值由制造商定义。

车床零点(OM)、车床参考点(om)、车床坐标轴的机械行程及有效行程的关系如图 1-2-3 所示。

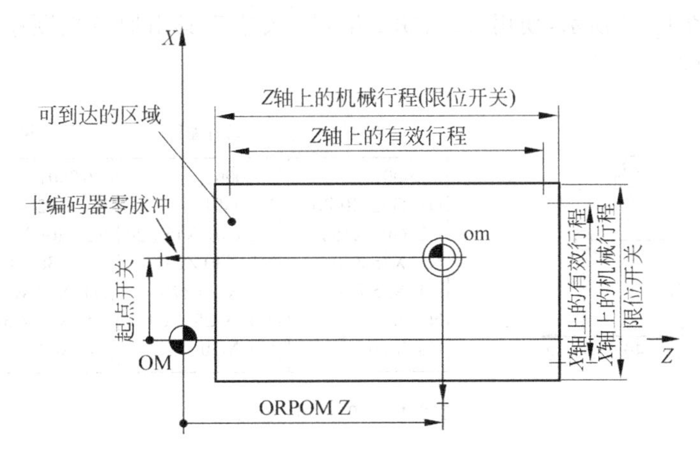

图 1-2-3　车床零点 OM 和机床参考点 om

三、工件坐标系、对刀点、绝对值编程与相对值编程

1. 工件坐标系

编程人员选择工件上的某一已知点为原点(也称程序原点),建立一个新的坐标系,称为工件坐标系。工件坐标系一旦建立便一直有效,直到被新的工件坐标系所取代。工件坐标系的原点选择要尽量满足编程简单,尺寸换算少,引起的加工误差小等条件。一般情况下,程序原点应选在尺寸标注的基准或定位基准上。对数控车床编程而言,工件坐标系原点一般选在工件轴线与工件的前端面、后端面、卡爪前端面的交点上。

一般通过"对刀"操作确定工件在车床坐标系中的位置,也就是确定工件坐标系相对于车床坐标系之间的关系。

2. 对刀点

对刀点是零件程序加工的起始点,对刀的目的是确定程序原点在车床坐标系中的位置,对刀点可与程序原点重合,也可在任何便于对刀之处,但该点与程序原点之间必须有确定的坐标联系。可以通过 CNC 将相对于程序原点的任意点的坐标转换为相对于车床零点的坐标。

3. 绝对值编程与相对值编程

在确定工件坐标系后,编程人员便可以采用工件坐标系上的坐标值进行加工程序的编制,程序中的坐标值可采用绝对坐标和相对坐标两种表达方式。

G90:绝对值编程,每个编程坐标轴上的编程值是相对于程序原点的。绝对编程时,用 G90 指令后面的 X、Z 表示 *X* 轴、*Z* 轴的坐标值。

G91:相对值编程,每个编程坐标轴上的编程值是相对于前一位置而言的,该值等于沿轴移动的距离。增量编程时,用 U、W 或 G91 指令后面的 X、Z 表示 *X* 轴、*Z* 轴的增量值;其中表示增量的字符 U、W 不能用于循环指令 G80、G81、G82、G71、G72、G73、G76 程序段中,但可用于定义精加工轮廓的程序中,G90、G91 为模态功能,可相互注销,G90 为默认值。

实例：如图 1-2-4 所示，使用 G90、G91 编程：要求刀具由原点按顺序移动到 1、2、3 点，然后回到原点。

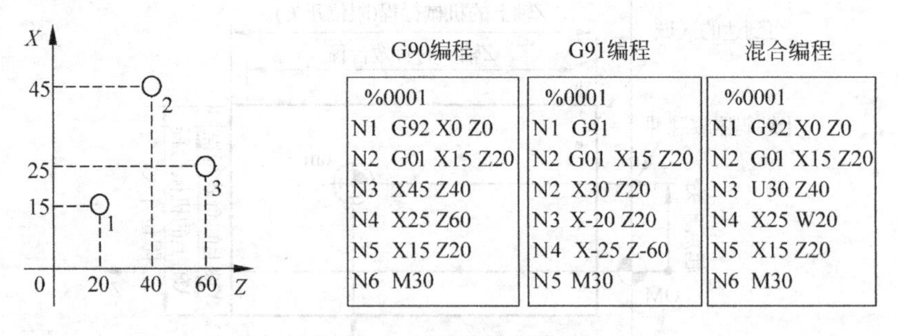

图 1-2-4　G90/G91 编程

选择合适的编程方式可使编程简化。当图纸尺寸由一个固定基准给定时，采用绝对方式编程较为方便；而当图纸尺寸是以轮廓顶点之间的间距给出时，采用相对方式编程较为方便。

(1) 开机前检查车床，清除车床上的灰尘，检查润滑油箱的油位。

(2) 起动电源，在手动模式下检查进给装置、主轴运转是否正常。

(3) 回数控车床参考点即“回零”操作。

(4) 工件安装，具体操作如下。

① 将卡盘卡口调整到大于毛坯直径，将毛坯一头插入卡口中，并用卡盘扳手进行预紧，以防止毛坯从卡口中掉落，如图 1-2-5 所示。

② 用钢尺检查毛坯伸出长度，毛坯伸出长度必须大于被加工工件的总长，伸出长度约为所加工工件总长度＋5mm，如图 1-2-6 所示。

图 1-2-5　装夹工件

图 1-2-6　保证伸出长度

③ 卡盘夹持部分长度不得少于两爪齿，以保证足够的夹持长度，防止毛坯因夹持接触面积过小而脱落。

④ 确定夹持长度与伸出长度后，必须用“加力棒”进行再锁紧，如图 1-2-7 所示。

(5) 刀具安装及找正,以90°外圆车刀为例,具体操作如下:

① 准备好刀具及垫片,分别用棉纱将附着在刀具刀柄部分、垫片以及刀架装刀位置上的残留碎屑清理干净,以保证刀具在安装后的平整性。

② 将垫片置于刀架刀具安装位置,放入车刀,调整好车刀与垫片的位置,刀柄位置要平行于刀架安装位,刀头伸出长度约为刀柄高度的1.5倍,同时垫于刀柄下方的垫块不得超过刀头位置,与刀架平齐为宜。如图1-2-8所示。

图1-2-7 夹紧工件

图1-2-8 安装刀具

③ 车刀的刀尖高度必须等高于主轴轴线高度,刀尖过高或过低都将加剧刀具磨损。检测刀尖高度可先用刀架扳手将车刀进行预紧,预紧后将刀旋转至尾座顶尖一侧,利用顶尖轴线等高于主轴轴线高度的特点来检查刀具刀尖高度是否等高于主轴轴线。通过手动方式或手轮方式将刀架移动到如图1-2-9所示位置来进行判断。

(a) 俯视

(b) 左视

图1-2-9 保证刀具高度

(6) 试切法对刀,试切法指的是通过试切直径和试切长度来计算刀具偏置值的方法。具体的操作步骤如下:

① 设定主轴转速。将毛坯、刀具装夹好后,通过MDI手动输入方式将主轴转速设定为500r/min。主轴转速设定方法:MDI方式→单段→输入M03S500→Enter→循环起动。

② X轴对刀,操作方法如下:

a. 工作方式设置为手轮方式,当刀具距离毛坯较远时可选择"手动方式+快进"或选择"手轮×100挡",接近工件约5mm时使用"手轮×10"挡慢速触碰工件,沿Z轴方向切削一段外圆柱面,如图1-2-10所示。

b. 然后保持X轴坐标不变,移动Z轴使刀具退出并离开工件,测量该段外圆的直径,假设为ϕ20mm。按控制面板上的"OFF/SET"键会出现图1-2-11所示的画面。

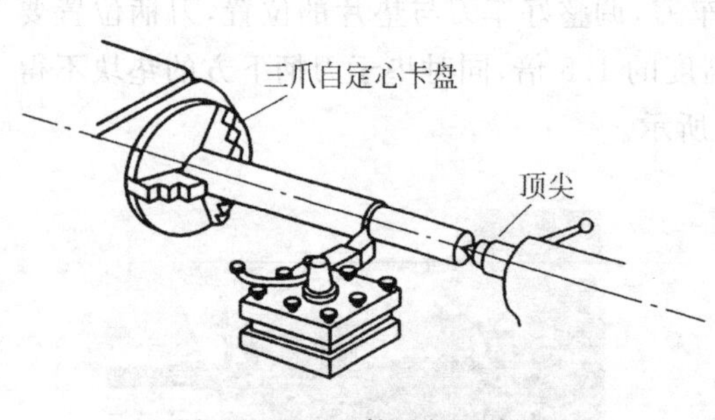

图 1-2-10 工件试切示意图

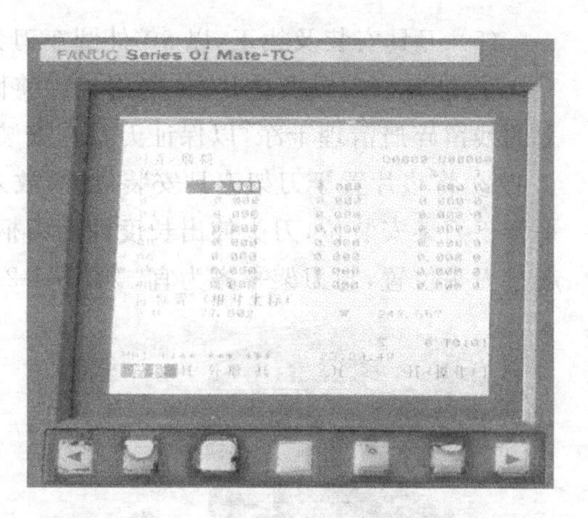

图 1-2-11 "OFF/SET"键刀补参数设置画面

c. 再按 F2 键会出现图 1-2-12 所示的画面。

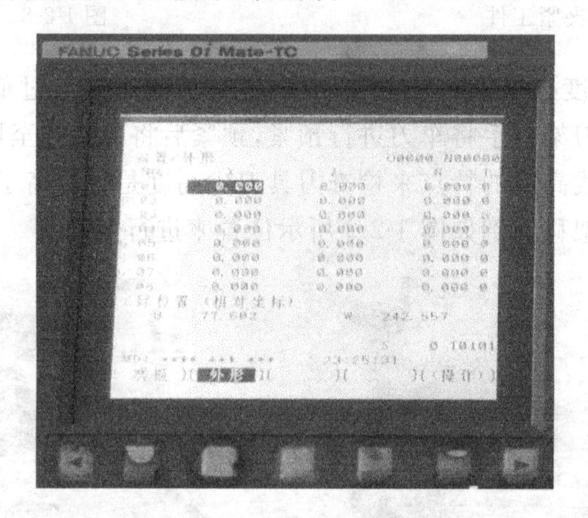

图 1-2-12 对刀参数设置界面

d. 光标现在的位置是在对应的 1 号刀的 X 轴上，所以可直接通过面板的 MDI 键盘编辑区(图 1-2-13)输入 X20，会出现图 1-2-14 所示的画面。

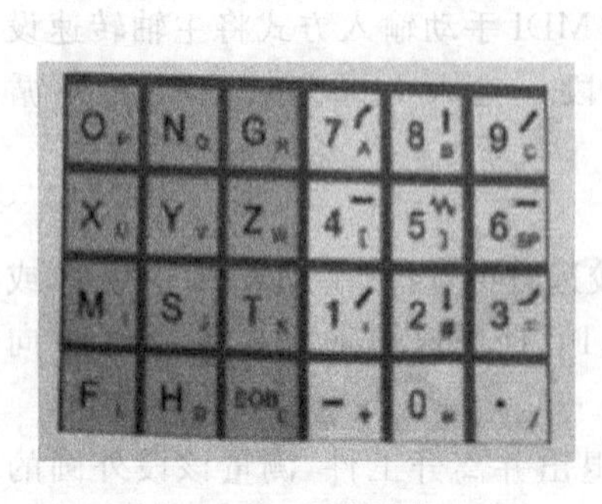

图 1-2-13 键盘编辑区

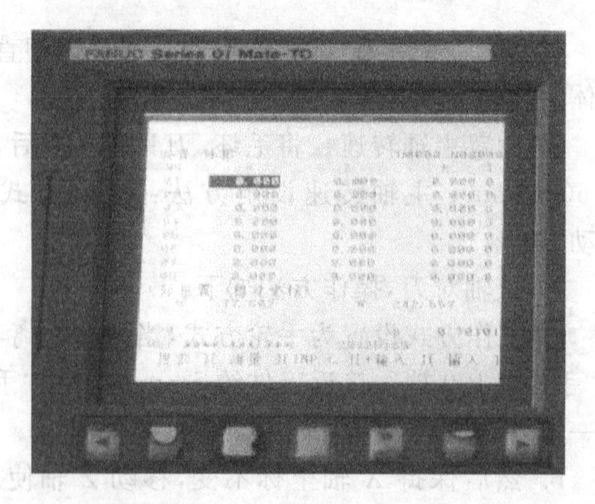

图 1-2-14 X 轴方向对刀参数输入

e. 按 F2 键测量,系统会自动用刀具将当前 X 轴坐标减去试切出的那段外圆的直径,即得到工件坐标系 X 轴原点的位置。此时按 POS 键,查看 X 轴当前的绝对坐标值,显示的是 20.000 说明 X 轴已经对好,如图 1-2-15 所示。

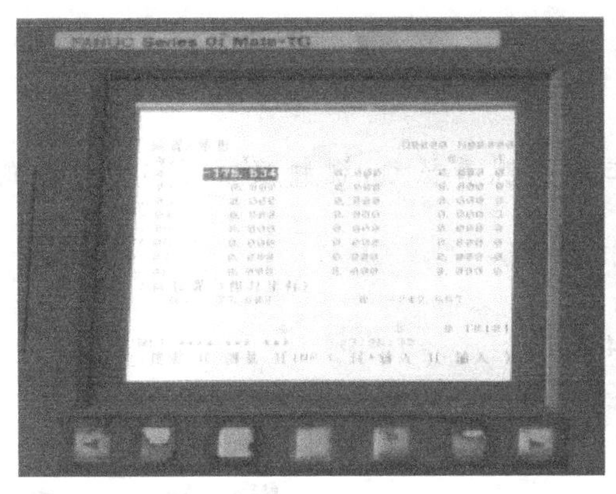

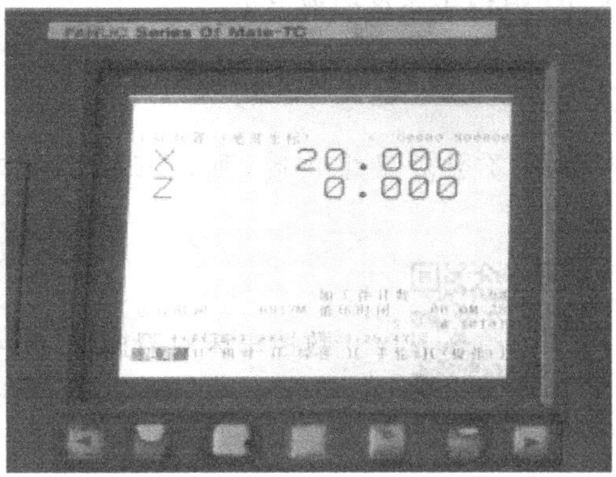

图 1-2-15 X 轴方向对刀绝对值坐标显示

③ Z 轴对刀,操作方法如下:

a. 移动刀具沿 X 轴方向试切工件一端的端面,切完后沿 X 轴退刀。

b. 将光标移到相应 1 号刀具 Z 轴参数中,如图 1-2-16 所示,输入 Z0,然后按 F2 键测量。系统会自动将此时刀具的 Z 轴坐标减去刚才输入的数值,即得到工件坐标系 Z 轴原点的位置,如图 1-2-17 所示。

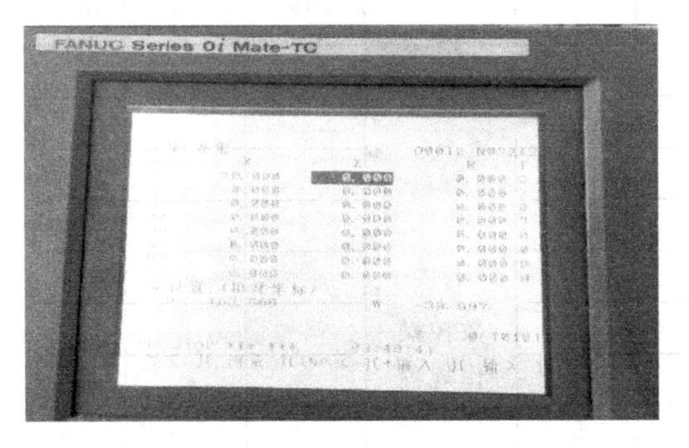

图 1-2-16 Z 轴方向对刀参数输入

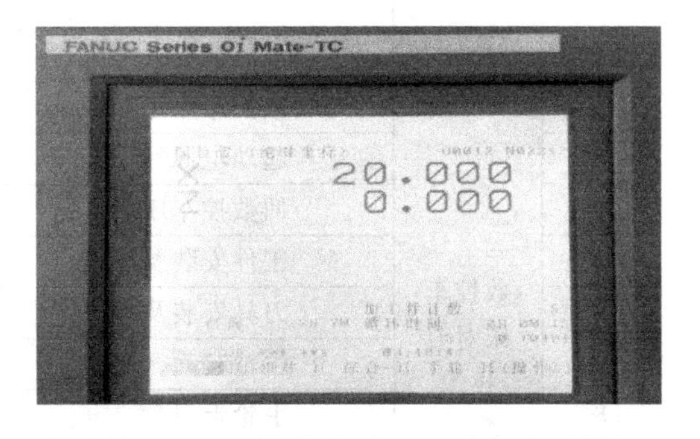

图 1-2-17 Z 轴方向对刀绝对值坐标显示

c. 按 POS 键,查看 Z 轴的绝对坐标值,显示的是 0.000 说明 Z 轴已经对好。

④ 如果要设置其他的刀具,重复以上步骤即可。

⑤ 对刀操作注意事项:

a. 工件、刀具装夹要紧、要正。

b. 试切直径时,注意吃刀量不能过大,避免造成加工工件的毛坯余量不足。

c. 移动刀具到毛坯端面或外圆处进行对刀,注意对刀毛坯端面时切削速度不能过快,以免损坏刀具及设备。

d. 对刀过程要保持清晰的思路。

e. 注意观察显示屏上的各种信息。

f. 做到安全、文明操作。

g. 实训结束前要收好工量刃具,拖板移动靠近尾座,关闭电源。

h. 清扫车床及场地卫生。

情景链接,视频演示

如果不会对刀操作时,可以扫描以下二维码观看视频,视频演示可作为操作的示范。

数控车床对刀操作.mp4

任务评价

根据表 1-2-2 中各项指标,进行学习评价。

表 1-2-2 评分标准表

序号	考核项目	考核内容	配分	评分标准	自评 20%	组评 30%	师评 50%
1	数控车床对刀技术	开机前检查车床	5	数控操作规程			
2		数控车床保养	5				
3		起动电源	5				
4		回数控车床参考点	5				
5		工件安装及找正	10				
6		刀具安装及找正	10				
7		主轴起动、停止	5				
8		手轮走刀	5				
9		手动走刀	5				
10		*X* 轴对刀	20				
11		*Z* 轴对刀	20				
12		安全文明生产	5				
合计			100				

任务总结

完成任务后,请同学们进行总结与反思,对本任务有何体会和感悟,填写在表 1-2-3 中。

表 1-2-3　体会与感悟

项　　目	体会与感悟
最大收获	
存在问题	
改进措施	

一、单项选择题

1. 工件坐标系的原点称为(　　)。

A. 机床原点　　B. 工作原点　　C. 坐标原点　　D. 初始原点

2. 对刀的定义(　　)

A. 确定刀具在车床坐标系中的位置,即确定工件坐标系相对于车床坐标系之间的关系

B. 确定工件在车床坐标系中的位置,即确定工件坐标系相对于车床坐标系之间的关系

C. 确定工件在车床坐标系中的位置,即确定刀具坐标系相对于车床坐标系之间的关系

D. 确定刀具在车床坐标系中的位置,即确定刀具坐标系相对于车床坐标系之间的关系

3. 换刀点的定义正确的说法是(　　)。

A. “换刀点”是指刀架转位换刀时的位置

B. 该点可以是某一固定点,也可以是任意的一点

C. 该点只能是某一固定点

D. 该点不可能是任意的一点

4. 数控车床 X 轴对刀时,试车后只能沿(　　)轴方向退刀。

A. X　　B. Z　　C. X、Z 都可以　　D. 先 X 再 Z

5. 当自动运行处于进给保持状态时,重新按下控制面板上的“(　　)起动按钮”,则继续执行后续的程序段。

A. 循环　　B. 电源　　C. 伺服　　D. 车床

6. 相对坐标也称(　　)。

A. 绝对坐标　　B. 增量坐标　　C. 直径坐标　　D. 半径坐标

7. 空运行是对各项内容进行综合校验,是(　　)查出程序有无错误。

A. 完全　　B. 初步　　C. 部分　　D. 准确

8. 进行自动加工之前应(　　)。

A. 设工件坐标原点　　B. 设参考点

C. 设工件坐标原点及参考点　　D. 不用设定

9. 加工中途需要停止,应(　　)。

A. 暂停、回零、运行　　B. 暂停、复位、运行

C. 暂停、手动、运行　　D. 暂停、退出、回零、运行

10. T 功能是(　　)。

A. 准备功能　　B. 辅助功能

C. 换刀功能　　D. 主轴转速功能

二、简答题

1. 什么是车床坐标系、车床零点和车床参考点?

2. 请简单叙述对刀操作。

3. 在数控车床上,①建立新程序名 O0001;②输入本题下面所列程序;③修改程序,把 T0101 改为 T0202,把 N0040 G01 Z－25 F100 改为 N0040 G01 Z－20 F120;在 N0050 前面,加入 N0045 X25 Z—30;④调用程序;⑤模拟加工,程序校验。

```
O0001;
N0010 T0101;
N0020 G0 X100 Z100 M03 S600;
N0030 G0 X22 Z2;
N0040 G01 Z-25 F100;
N0050 G0 X100 Z100;
N0060 T0100;
N0070 M30;
%
```

恭喜你完成并通过了两个任务,共获得了 100 个积分。你已闯过学徒入门关,现在是正式学徒工,可以进入正式学徒关的学习了。

项目2

简单轴类零件的加工(正式学徒关)

本关主要学习内容:了解光轴和台阶轴的加工方法和加工特点;了解外圆车刀种类及其几何角度;掌握G00、G01等指令的编程格式及其参数含义,并运用该指令编程加工;理解刀具功能T、进给功能F、主轴功能S等功能坐标字和辅助功能指令M03、M04、M05、M30的用法;掌握切削外圆柱面、端面和台阶面的编程与加工。本关有两个学习任务,一个任务是光轴加工;另一个任务是台阶轴加工。

任务1 光轴加工

本任务的加工对象是由1段外圆柱面、2个端面组成的光轴,如图2-1-1所示。按图所示的尺寸和技术要求完成零件的切削,毛坯为ϕ60mm×100mm的圆棒料。

1. 掌握G01指令加工外圆柱面和端面。
2. 合理选择并安装车外圆柱面的车刀。
3. 熟记G00、G01指令的编程格式及参数含义,理解该指令的含义及用法。
4. 能根据图纸正确制订加工工艺,并进行程序编制与加工。
5. 掌握光轴外圆直径和长度的检测。

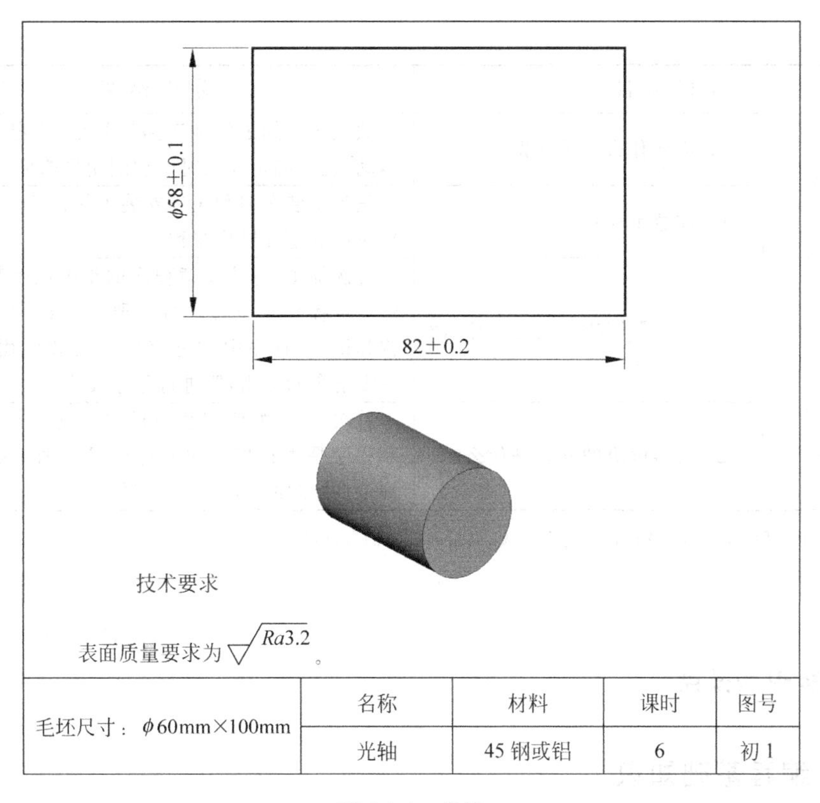

图 2-1-1　光轴

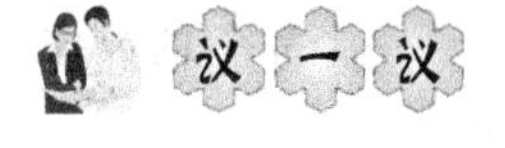

对加工零件图 2-1-1 进行任务分析并填写表 2-1-1。

表 2-1-1　光轴加工任务分析表(参考表)

分析项目		分析结果
做什么	1. 结构主要特点是什么?	待加工零件是由一段外圆柱面组成，两端的端面也有加工要求
	2. 尺寸精度要求是什么?	一段外圆柱面的尺寸是 φ58mm±0.1mm，长度尺寸是 82mm±0.2mm
	3. 加工毛坯特点是什么?	毛坯尺寸为 φ60mm×100mm，材料为 45 钢棒料或铝棒料，符合数控车床的加工装夹要求
	4. 其他技术要求是什么?	加工表面粗糙度要求为 Ra3.2μm
怎么做	1. 需要什么量具?	0～150mm 钢直尺，0～150mm 游标卡尺
	2. 需要什么夹具?	三爪自定心卡盘(手动、自动、液压均可)
	3. 需要什么刀具?	93°外圆正偏刀
	4. 需要什么编程知识?	程序的结构与组成，程序各功能字的类型及其作用，G00 和 G01 指令的格式与运用。新建和调用程序，程序输入、编辑、修改、删除等

续表

分析项目		分析结果
怎么做	5. 需要什么工艺知识？	数控车床加工的加工路线规划，确定刀具加工运动轨迹，确定加工时的切削用量选择
	6. 注意事项：	正确安装车刀和正确安装工件；正确对刀。操作时注意遵守操作规程
要完成这个任务	1. 最需要解决的问题是什么？	首次加工，应该注意程序的正确性及数控车床的基本操作规范性。特别要掌握数控程序的结构和组成、程序中功能字的分类和作用、G00 和 G01 指令的运用，要进行程序校验
	2. 最难解决的问题是什么？	首次加工，如何安装刀具和完成对刀？如何判断程序是否正确？如何达到操作加工的合理和规范，并能加工出合格的零件

注：为了方便学习，第一次给出参考分析表，以后由同学们自己填写。

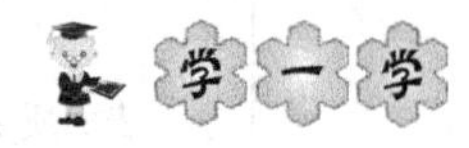

一、编程基础知识

1. 程序的结构

一个完整的数控程序由程序开始部分、程序内容、程序结束三部分组成，如图 2-1-2 所示。

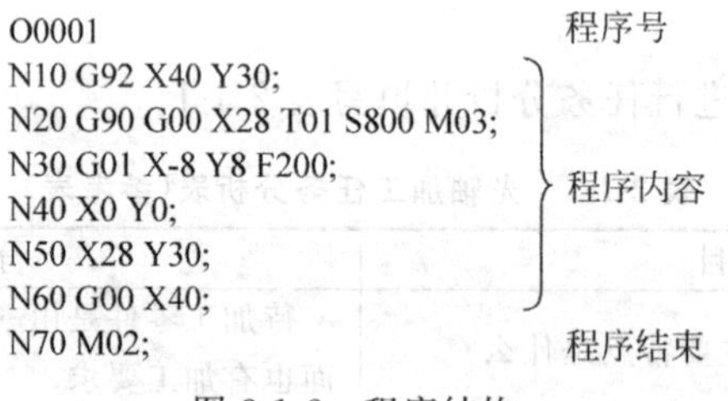

图 2-1-2 程序结构

(1) 程序号(或程序名)为程序的开始部分，也是程序的开始标记，供在数控装置存储器中查找、调用。程序号一般由地址码和四位编号数字组成。常见的程序定义地址码为 O、P 或%。FANUC 系统的程序号为大字母“O”加四位数组成，如“O1234”。

(2) 程序内容是整个程序的主要部分，由多个程序段组成。每个程序段又由若干个字组成，每个字由地址码和若干个数字组成。指令字代表某一信息单元，代表车床的一个位置或一个动作。

程序段格式是指一个程序段中指令字的排列顺序和表达方式。在国际标准 ISO 6983-I—1982 和我国的 GB 8870—1988 标准中都做了具体规定。目前数控系统广泛采用的是字地址程序段格式。

字地址程序段格式由一系列指令字或称功能字组成，程序段的长短、指令字的数量都是可变的，指令字的排列顺序没有严格要求。各指令字可根据需要选用，不需要的指令字以及与上一程序段相同的续效指令字可以不写。这种格式的优点是程序简短、直观、可读性强、易于检验、修改。

数控车床程序段的一般格式见表 2-1-2。

表 2-1-2 程序段的组成

N_	G_	X_	Z_	F_	S_	T_	M_	;
程序段序号字	准备功能字	尺寸功能字		进给功能字	主轴功能字	刀具功能字	辅助功能字	程序段结束符

例：

```
N10 G01 X50.0 Z-9.6 F500 S1000 T0101 M03;
```

(3) 程序结束部分。程序结束一般由辅助功能代码 M02(程序结束指令)或 M30(程序结束指令和返回程序开始指令)组成。

2. 代码(指令)分类

(1) N 功能：程序段号

程序段号是用地址 N 和数字来表示的，通常是按顺序在每个程序段前加上编号(顺序号)，以方便标识与查找，可省略，也可以只在需要的地方编号。

例：

```
N10
```

(2) G 指令：准备功能

功能：规定车床做某种操作的指令，包括运动线型、坐标系、坐标平面、刀具补偿、暂停等操作。

组成：G 后带 2～3 位数字组成。有模态(续效)指令与非模态(非续效)指令之分。

模态代码一旦执行就保持有效，直到同组另一代码出现，非模态代码只有在其所在的程序段内有效，如 G01、G02、G41、G91、G04、G18、G54 等。

(3) M 指令：辅助功能

功能：控制机床及其辅助装置的动作或状态。如开、停冷却泵，主轴正反转、停转，程序结束等。

组成：M 后带 2～3 位数字组成。有模态(续效)指令与非模态(非续效)指令之分。

例：

M03：主轴顺时针方向旋转，也称主轴正转。

M04：主轴逆时针方向旋转，也称主轴反转。

M05：主轴停止。

M02：程序结束表示主程序结束，自动运转停止。

M30：程序结束，并返回程序开始。

M08：冷却液开。

M09：冷却液关。

(4) T指令：刀具功能

刀具功能是表示换刀功能，根据加工需要在某些程序段指令进行选刀和换刀。刀具功能用字母T和其后的四位数字表示。

输入格式：T××××

前两位××：刀具序号。

后两位××：刀具补偿号。

例：

```
T0101
```

表示调用01号刀具和01号刀具补偿寄存器里的数据。

注意：

① 刀具的序号与刀盘上的刀位号相对应；

② 刀具补偿包括几何形状补偿和磨损补偿；

③ 刀具序号和刀具补偿序号不必相同，但为了方便尽量一致；

④ 取消刀具补偿：T××00。

(5) S指令：主轴功能

主轴功能主要是表示主轴转速或线速度，主轴功能用字母S和其后面的数字表示。

① 恒线速度控制(G96)。G96是执行恒线速度控制的指令。系统执行G96指令后，便认为用S指定的数值表示切削线速度。

例：

```
G96 S200
```

表示切削线速度是200m/min。

在恒线速度控制中，数控系统根据刀尖所处的X轴坐标值，以工件的直径来计算主轴转速，所以在使用G96指令前必须正确地设定工件坐标系。

② 主轴转速控制(G97)。G97是取消恒线速度控制的指令。此时，S指定的数值表示主轴每分钟的转速。

例：

```
G97 S1000
```

表示主轴转速为1000r/min。

(6) F指令：进给功能

进给功能是表示进给速度，进给速度用字母F和其后面的若干位数字来表示。

① 每分钟进给(G98)。系统在执行了一条含有G98的程序段后，遇到F指令时便认为F指定的进给速度单位为mm/min。

例：

```
F100
```

表示为 100mm/min。

G98 被执行一次后，系统将保持 G98 状态，直至系统执行了含有 G99 的程序段，G98 便被取消，而 G99 将发生作用。

② 每转进给(G99)。若系统处于 G99 状态，则 F 所指定的进给速度单位为 mm/r。

例：

```
F0.1
```

表示为 0.1mm/r。

要取消 G99 状态，必须重新指定 G98。系统默认 G99。

二、常用 G 指令介绍

1. 快速定位指令(G00)

格式：

```
G00  X____  Z____ (绝对值编程方式，系统默认 X 值为直径编程)
```

或

```
G00  U____  W____ (增量值编程方式，系统默认 U 值为直径编程)
```

说明：

(1) 采用绝对值编程时，刀具分别以各轴快速移动到工件坐标系中坐标值为 X、Z 的点上。采用增量编程时，则刀具移动距起始点(当前点)的距离为 U、W 值的点上，如图 2-1-3 所示。

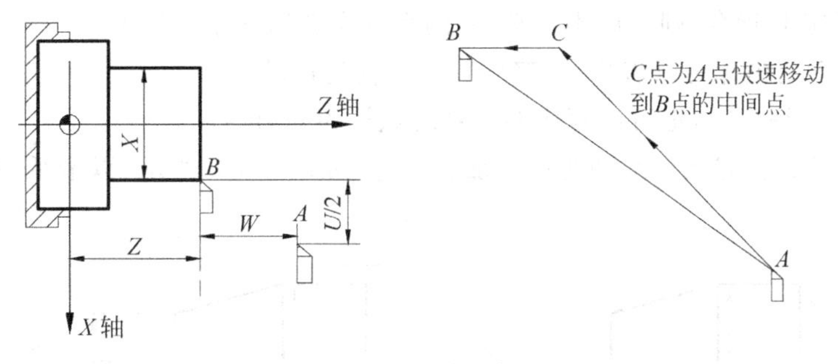

图 2-1-3 G00 走刀轨迹图

(2) G00 功能起作用时，其移动速度由车床系统中的参数设定值运行，与进给量无关。在实际操作时，也可以通过车床面板上的按钮“F0”“F25”“F50”和“F100”对 G00 移动速度进行调节。

(3) 不运动的坐标可以省略，省略坐标不作任何运动。

(4) 用 G00 编程时，也可写作 G0，系统默认为 G00。

(5) 执行该指令时，刀具的进给路线可能为一条折线，这与参数设定的各轴快速进给有关，因此，采用 G00 方式进、退刀时，要特别注意刀具相对于工件、夹具所处的位置，以免在进、退刀过程中刀具与工件、夹具发生碰撞。如图 2-1-3 所示，在实际加工中，走刀轨迹并不是直接从 A 点走到 B 点，而是会走 $A\to C\to B$。

例：编写刀具从 A 点快速移动到 B 点的加工程序，如图 2-1-4 所示。

```
…
G00 X20 Z25;        （绝对坐标编程）
G00 U-22 W-18;      （相对坐标编程）
G00 X20 W-18;       （混合坐标编程）
G00 U-22 Z25;       （混合坐标编程）
…
```

图 2-1-4　G00 编程路线

2. 直线插补指令（G01）

格式：

G01　X____　Z____　F____（绝对值编程方式）

或

G01　U____　W____　F____（增量值编程方式）

说明：

(1) 采用绝对值编程时，刀具分别以各轴指定的进给速度移动到工件坐标系中坐标值为 X、Z 的点上。采用增量编程时，则刀具移动距起始点（当前点）距离为 U、W 值的点上。

(2) 该指令为直线插补指令，它命令刀具在两坐标轴间以插补联动的方式按指定的进给速度作任意斜线的直线运动，所以执行 G01 指令的刀具轨迹是直线轨迹，它是连接起点和终点的一条直线。

(3) G01 程序段中必须有 F 指令，如果在 G01 程序段中没有 F 指令，而在 G01 程序段前也没有指定 F 指令，则车床不运动，有的系统还会出现系统报警。

(4) 不运动的坐标可以省略，省略坐标不作任何运动。

(5) 用 G01 编程时，也可以写成 G1，系统默认为 G01。

例：编写刀具从起点切削到终点的加工程序，如图 2-1-5 所示，以卡爪端面为工作坐标原点。

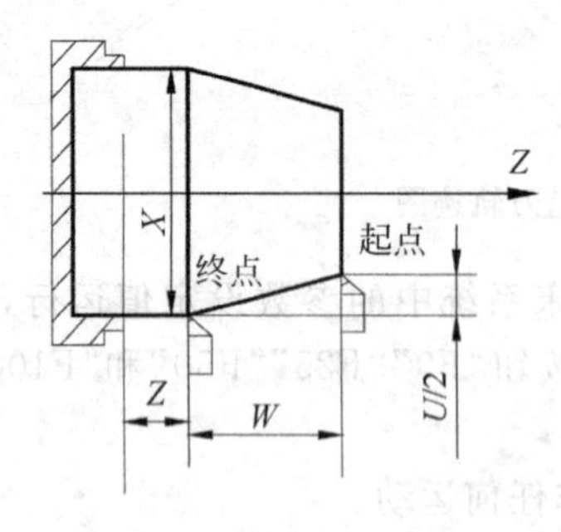

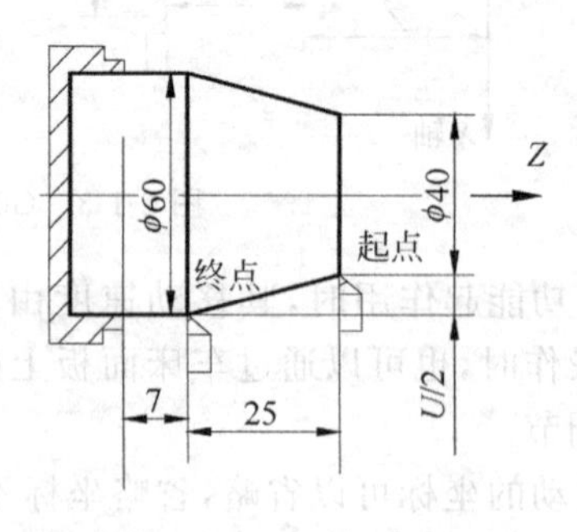

图 2-1-5　G01 轨迹图

程序：

```
G01 X60 Z7 F200;          （绝对坐标编程）
G01 U20 W-25 F200;        （相对坐标编程）
```

```
G01 X60 W-25 F200;            (混合坐标编程)
G01 U20 Z7 F200;              (混合坐标编程)
```

三、G01 指令加工实例

加工如图 2-1-6 所示的零件，其编程见表 2-1-3。

表 2-1-3　直轴加工实例

编程实例图	刀具及切削用量表	
25 $\phi22$ 图　2-1-6	刀具	T0101 93°外圆正偏刀
	主轴转速 S	1000r/min
	进给量 F	100mm/min
	背吃刀量 a_p	<2mm
把 ϕ25mm 的棒料加工成 ϕ22mm 的圆柱 加工程序	程序说明	
O1001;	程序名(号)	
N0010 T0101;	调用 01 号外圆车刀	
N0020 G0 X100 Z100 M03 S600;	快速定位至换刀点位置，并起动主轴正转，转速为600r/min	
N0030 G0 X22 Z2;	定位	
N0040 G01 Z-25 F100;	G01 切削、进给速度 100mm/min	
N0050 G0 X100 Z100;	G00 退刀，回程序起点	
N0060 T0100;	取消刀补	
N0070 M30;	程序结束	
%	程序结束符	

四、外圆直径的检测

(1) 使用游标卡尺测量，如图 2-1-7 所示。

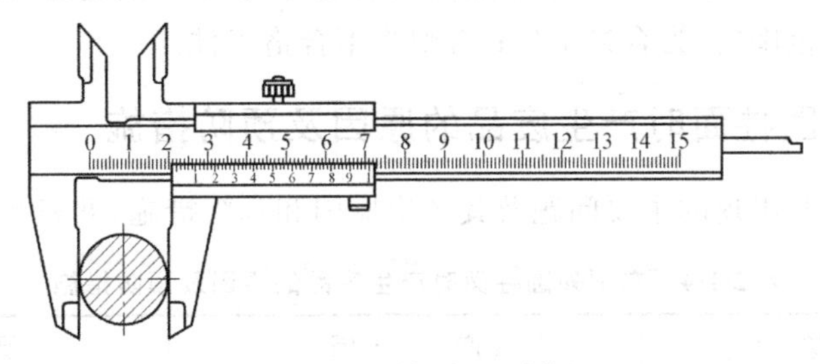

图 2-1-7　游标卡尺测外径

常用游标卡尺的精度有 0.1mm、0.05mm、0.02mm。常用游标卡尺的测量范围有0～150mm、0～200mm、0～300mm 等。

(2) 使用外径千分尺测量，如图 2-1-8 所示。

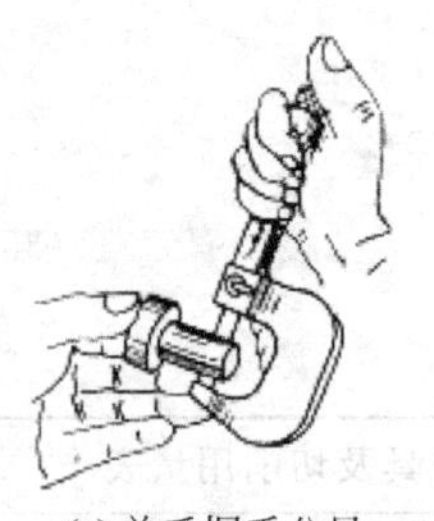

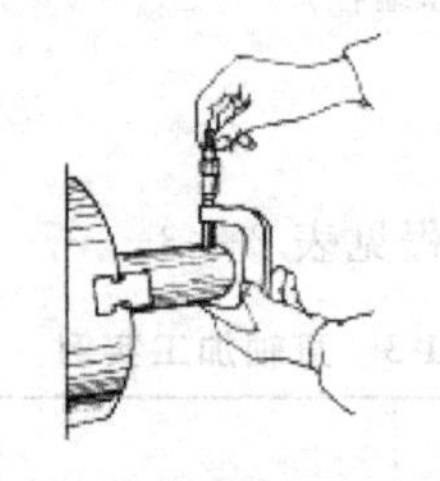

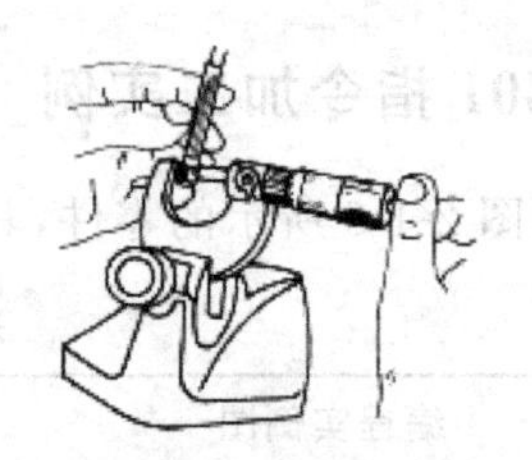

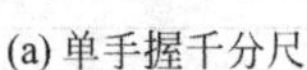

(a) 单手握千分尺　(b) 双手握千分尺　(c) 将千分尺固定在基座上

图 2-1-8　外径千分尺测外径

常用外径千分尺的精度有 0.01mm。常用的外径千分尺的测量范围有 0～25mm(如图 2-1-9 所示)，25～50mm，50～75mm，75～100mm 等。使用时应根据被测工件的尺寸，选择相应测量范围的千分尺。

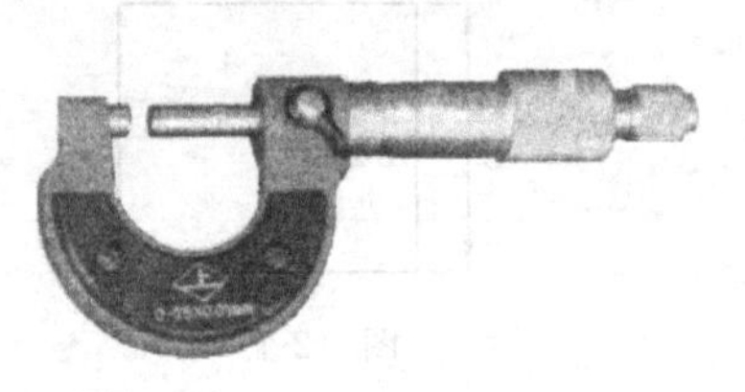

图 2-1-9　0～25mm 千分尺

(3) 使用卡规检测，如图 2-1-10 所示。

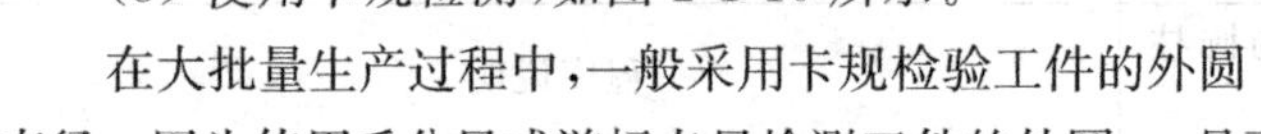

在大批量生产过程中，一般采用卡规检验工件的外圆直径。因为使用千分尺或游标卡尺检测工件的外圆，一是不太方便；二是易加剧量具的磨损。

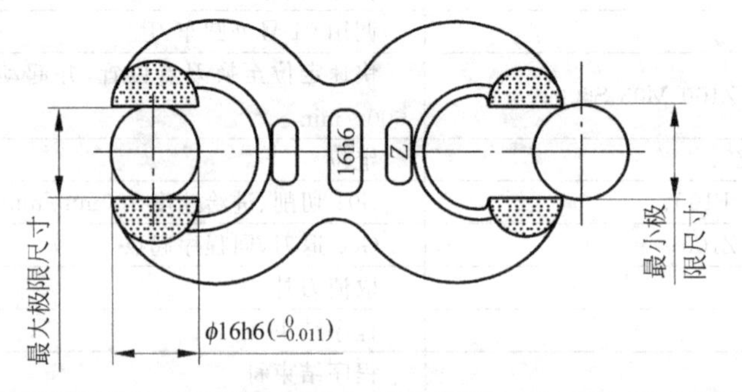

图 2-1-10　卡规检测

用卡规检测，能直接、快速地判断工件的外圆直径是否合格。卡规有两个测量面，尺寸大的测量面等于外圆的最大极限尺寸，称为通端 T；尺寸小的测量面等于外圆的最小极限尺寸，称为止端 Z。检测时，如果卡规的通端通过，止端不能通过，则说明被测表面的尺寸在允许的公差范围内，为合格工件；否则为不合格工件。

五、车削外圆柱面时产生废品的原因及预防措施

车削外圆柱面时出现的主要问题及其产生原因和预防措施，见表 2-1-4。

表 2-1-4　车削外圆柱面时产生废品的原因及预防措施

问题现象	产生原因	预防措施
圆柱面有锥度	1. 刀具角度不准确。 2. 程序错误。 3. 车床导轨有问题	1. 刃磨正确的刀具角度。 2. 检查修改程序。 3. 修整车床导轨

续表

问题现象	产生原因	预防措施
直径尺寸不正确	1. 程序错误。 2. 测量错误	1. 检查修改程序。 2. 正确测量
光轴的长度不正确	1. 程序错误。 2. 测量错误	1. 检查修改程序。 2. 正确测量
圆柱面的表面粗糙度偏大	1. 刀具安装角度不合理。 2. 刀具刀尖磨损。 3. 切削用量选择不当	1. 正确安装刀具。 2. 更换刀片或刃磨刀具。 3. 合理选择切削用量

一、任务准备

(1) 零件图工艺分析,制定加工工艺。

(2) 确定刀具,将选定的刀具参数填入表2-1-5,以便于编程和任务实施。

表2-1-5 光轴数控加工刀具卡(参考表)

项目代号		正式学徒关	零件名称		光轴	零件图号	初1
序号	刀具号	刀具规格名称		数量	加工表面	刀尖半径/mm	备注
1	T0101	93°外圆正偏刀		1	车端面、外圆	0.1～0.3	20×20
编制:(学生)		审核:(组长)			批准:(主管或教师)		共1页

注:第一次给出刀具卡参考表,以后由同学们自己填写。

(3) 确定装夹方案和切削用量。根据被加工表面质量要求、刀具材料、工件材料等,参考切削手册或有关参考书选取切削速度、进给速度和背吃刀量,结合工艺措施填写表2-1-6。

表2-1-6 光轴数控加工工序卡(参考表)

单位名称	×××学校		项目代号		零件名称		零件图号	
			正式学徒关		光轴		初1	
工序号	程序编号		夹具名称		使用设备		车间	
1	O0001		三爪自定心卡盘		数控车床		数控加工车间	
工步号	工步内容	刀具号	刀具规格/mm	主轴转速/(r/min)	进给速度/(mm/min)	背吃刀量/mm	备注	
1	平端面	T0101	20×20	1000	100			
2	粗车外圆	T0101	20×20	1000	100	1mm左右		
3	精车外圆	T0101	20×20	1200	80	0.3～0.5		
4	倒角	T0101	20×20	800	80			
编制:(学生)		审核:(组长)		批准:(主管或教师)		共 1 页		

注:第一次给出加工工序卡参考表,以后由同学们自己填写。

情景链接，视频演示

(1) 如果不会光轴加工操作时，可以扫描二维码观看视频，视频演示可作为自己操作的示范。

(2) 如果不知道走刀顺序和编程时，可以扫描二维码观看视频，视频演示可作为自己编程的参考。

(3) 如果不想看，那么，自己做完了，扫描二维码观看视频，视频演示上操作加工与你的操作加工有什么不同。

光轴的加工. mp4

二、编写加工程序

编写光轴加工程序，填入表 2-1-7 中。

表 2-1-7 光轴数控加工程序表

编程零件图	走刀路线简图
$\phi58\pm0.1$ 82 ± 0.2	
加工程序	程序说明

三、模拟加工

(1) 开机，回参考点。

(2) 编写并输入加工程序。

(3) 启动模拟加工，检查程序。

在模拟加工时，检查加工程序是否正确，如有问题立即进行修改。

四、真实加工

(1) 装夹工件和刀具。

(2) 试切法对刀。

(3) 单步加工无误后自动连续加工。

(4) 测量，过程控制质量。

(5) 检测，合格后取下工件。

(6) 工件调头后车端面，检验合格后卸下工件。

(7) 数控车床的维护、保养及场地的清扫。

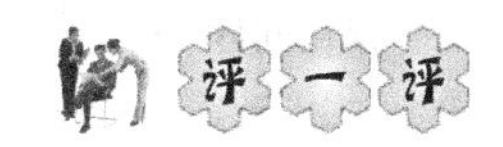

根据表 2-1-8 中各项指标，对光轴加工情况进行评价。

表 2-1-8　光轴加工评价表　　mm

项目	指标		分值	评价方式			备注
				自测(评)	组测(评)	师测(评)	
零件检测	外圆	$\phi58\pm0.1$	20				
		82 ± 0.2	20				
	端面	左端面	10				
		右端面	10				
	表面粗糙度	$Ra3.2\mu m$	15				
技能技巧	加工工艺		5				结合加工过程与结果综合评价
	提前、准时、超时完成		5				
职业素养	场地和车床保洁		5				对照7S管理规范进行评价
	工量具定置管理		5				
	安全文明生产		5				
合计			100				
综合评价							

注：

1. 评分标准

零件检测：尺寸超差 0.01mm，扣 5 分，扣完本尺寸分值为止；表面粗糙度每降一级，扣 3 分，扣完为止。

技能技巧和职业素养，根据现场情况，由老师和同学约定执行。

2. 测评者说明

自测：由自己测量和评价，有数据的把数据填入表中，并根据评分标准评分。

组测：由自己所在组的组长测量和评价，采用组长轮值制，组长把数据填入表中并评分。

师测：由教师测量和评价，教师把数据填入表中给予评分。

自测、组测和师测都以总分 100 分来评价。

评分说明：如果学生自测时，测出数据偏差较大，建议师傅(或教师)从总分里酌情扣除一定的分数(由师生共同协商而定)。

任务总结

完成任务后，请同学们进行总结与反思，对本任务有何体会和感悟，填写表 2-1-9。

表 2-1-9　体会与感悟

项　　目	体会与感悟
最大收获	
存在问题	
改进措施	

过关考试

一、单项选择题

1. 在 FANUC 系统程序加工完成后，程序复位，光标能自动回到起始位置的指令是(　　)。

A. M00　　B. M01　　C. M30　　D. M02

2. 数控系统在执行指令(　　)时，移动速度已由生产厂家预先设定。

A. G00　　B. G01　　C. G02　　D. G03

3. 下列指令属于准备功能字的是(　　)。

A. G02　　B. M08　　C. T01　　D. S500

4. G00 的指令移动速度值是(　　)。

A. 机床参数指定　　B. 数控程序指定

C. 操作面板指定　　D. 出厂时就设定

5. 在数控车床零件编程时，一个程序段中，可以采用绝对编程，也可以采用增量编程、还可以采用(　　)方法。

A. 数字编程　　B. 单一编程　　C. 复合编程　　D. 混合编程

6. 2∶1 是(　　)的比例。

A. 放大　　B. 缩小　　C. 优先选用　　D. 尽量不用

7. 为避免积屑瘤的出现,宜采用(　　)精车外圆。

A. 低速　　B. 中速　　C. 高速　　D. 极低速

8. 车削外圆表面,精度为 IT8～IT7,表面粗糙度为 $Ra1.6$～$0.8\mu m$ 时,应采用的加工路线为(　　)。

A. 粗车　　B. 粗车—半精车

C. 粗车—半精车—精车　　D. 粗车—半精车—精车—精细车

9. 基本时间是指(　　)。

A. 刀具的切入和切出时间　　B. 工人换工作服的时间

C. 调整机床的时间　　D. 测量时间

10. 精密数控车床主轴前端最常见的夹具为(　　)。

A. 三爪自定心卡盘　　B. 四爪自定心卡盘

C. 液动三爪自定心卡盘　　D. 顶尖

二、技能题

1. 加工台阶轴,如图 2-1-11 所示。

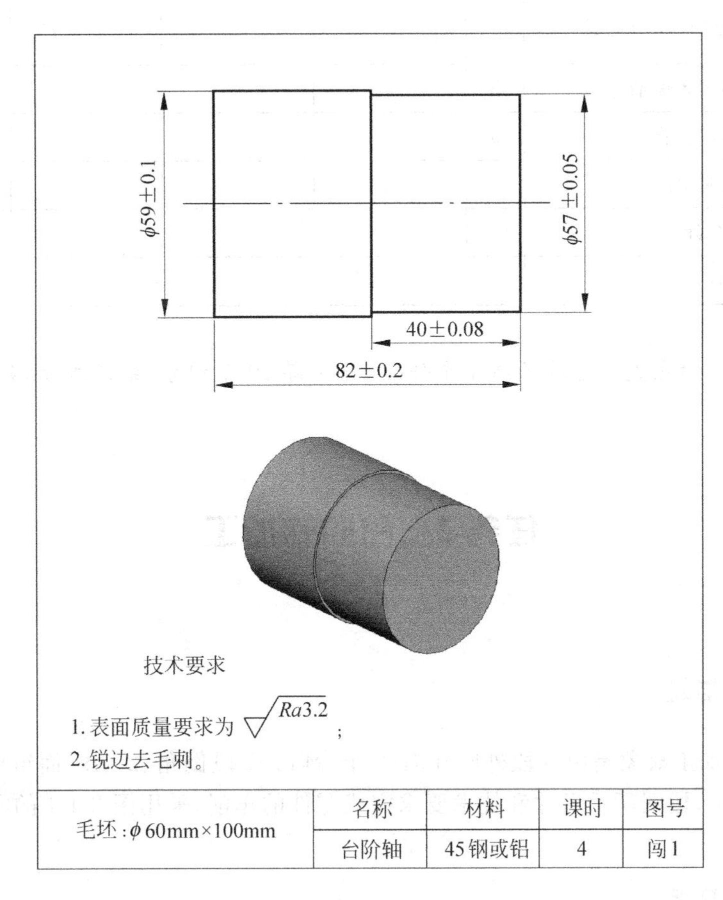

图 2-1-11　台阶轴

2. 台阶轴的加工评价见表 2-1-10 所示。

表 2-1-10　台阶轴加工评价表　　mm

<table>
<tr><th rowspan="2">项目</th><th colspan="2" rowspan="2">指　标</th><th rowspan="2">分值</th><th colspan="3">评价方式</th><th rowspan="2">备注</th></tr>
<tr><th>自测(评)</th><th>组测(评)</th><th>师测(评)</th></tr>
<tr><td rowspan="8">零件检测</td><td rowspan="4">外圆</td><td>$\phi59\pm0.1$</td><td>10</td><td></td><td></td><td></td><td></td></tr>
<tr><td>82 ± 0.2</td><td>10</td><td></td><td></td><td></td><td></td></tr>
<tr><td>$\phi57\pm0.05$</td><td>20</td><td></td><td></td><td></td><td></td></tr>
<tr><td>40 ± 0.08</td><td>10</td><td></td><td></td><td></td><td></td></tr>
<tr><td rowspan="2">端面</td><td>左端面</td><td>5</td><td></td><td></td><td></td><td></td></tr>
<tr><td>右端面</td><td>5</td><td></td><td></td><td></td><td></td></tr>
<tr><td>表面粗糙度</td><td>$Ra3.2\mu m$</td><td>10</td><td></td><td></td><td></td><td></td></tr>
<tr><td colspan="2">去毛刺</td><td>5</td><td></td><td></td><td></td><td></td></tr>
<tr><td rowspan="2">技能技巧</td><td colspan="2">加工工艺</td><td>5</td><td></td><td></td><td></td><td rowspan="2">结合加工过程与结果,综合评价</td></tr>
<tr><td colspan="2">提前、准时、超时完成</td><td>5</td><td></td><td></td><td></td></tr>
<tr><td rowspan="3">职业素养</td><td colspan="2">场地和车床保洁</td><td>5</td><td></td><td></td><td></td><td rowspan="3">对照7S管理规范进行评定</td></tr>
<tr><td colspan="2">工量具定置管理</td><td>5</td><td></td><td></td><td></td></tr>
<tr><td colspan="2">安全文明生产</td><td>5</td><td></td><td></td><td></td></tr>
<tr><td colspan="3">合计</td><td>100</td><td></td><td></td><td></td><td></td></tr>
<tr><td colspan="3">综合评价</td><td colspan="5"></td></tr>
</table>

恭喜你完成并通过了第 1 个任务,并获得 50 个积分,继续加油,期待你闯过正式学徒关。

任务2　台阶轴加工

任务描述

本任务的加工对象是由 3 段外圆柱面(2 个台阶)、1 段倒角、2 个端面组成的台阶轴,如图 2-2-1 所示,按图所示尺寸和技术要求完成零件的车削,采用图 2-1-1 的零件为毛坯。

1. 掌握使用 G01 指令加工台阶面和倒角。

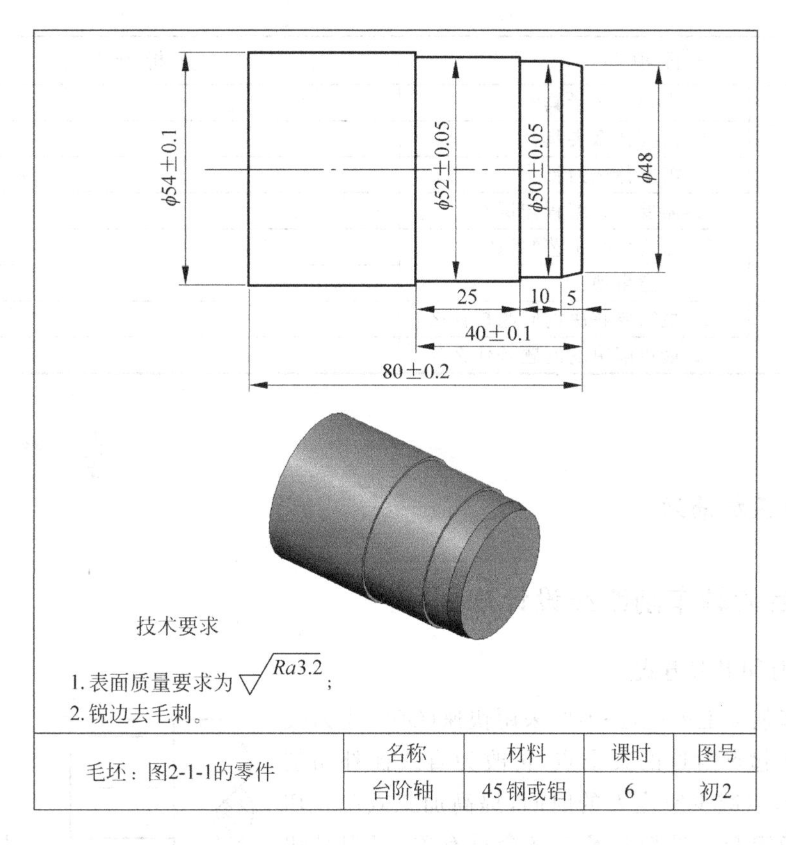

图 2-2-1　台阶轴

2. 合理选择并安装车削台阶面的车刀。
3. 熟记 G98、G99 指令的编程格式及参数含义，掌握该指令的含义及用法。
4. 能根据图纸正确制定加工工艺，并进行程序编制与加工。
5. 掌握台阶轴外圆直径和台阶长度的检测。

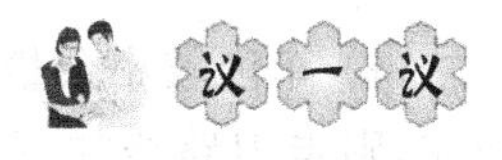

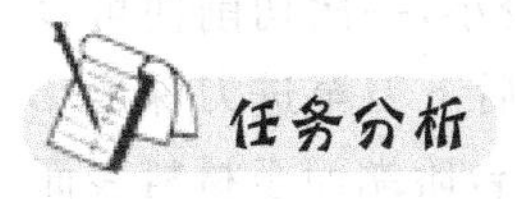

对加工零件图 2-2-1 进行任务分析，填写表 2-2-1。

表 2-2-1　台阶轴加工任务分析表

分析项目		分析结果
做什么	1. 结构主要特点是什么？	
	2. 尺寸精度要求是什么？	
	3. 毛坯特点是什么？	
	4. 其他技术要求是什么？	

续表

分析项目		分析结果
怎么做	1. 需要什么量具?	
	2. 需要什么夹具?	
	3. 需要什么刀具?	
	4. 需要什么编程知识?	
	5. 需要什么工艺知识?	
	6. 注意事项:	
要完成这个任务	1. 最需要解决的问题是什么?	
	2. 最难解决的问题是什么?	

一、台阶轴车削路线设计规划

1. 进刀和退刀方式

对于车削加工来说,进刀时采用快速(G00)走刀接近工件切削起点附近的某个点,再改为直线插补切削加工(G01),以减少空走刀的时间,提高加工效率。切削起点的确定与工件形状及毛坯余量有关,以刀具快速到达该点时刀尖不与工件毛坯发生碰撞为原则,如图 2-2-2 所示。一般情况下,对于铸件、锻件和焊接件等毛坯余量不均匀的情况下,切削起点应该稍微大一点;对于热轧圆钢,毛坯比较均匀,切削起点可以稍微小一点。

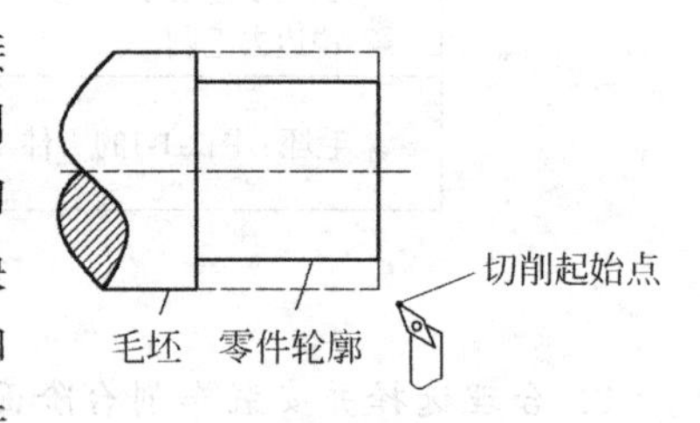

图 2-2-2 切削起刀点的确定

2. 车圆柱面的走刀路线

(1) 车削较小余量的圆柱面。在加工圆柱面时,如果加工余量较小,一次切削便可以切完,则走刀路线如图 2-2-3 所示,刀具首先定位到 A 点(G00),然后下刀至进刀深度 B 点(G00),再从 B 点到 C 点车削圆柱面(G01),再从 C 点到 D 点车削台阶端面至材料表面(G01),最后由 D 返回 A 点(G00)。

(2) 车削较大余量的圆柱面。在加工圆柱面时,如果加工余量过大,一次切削不能完全去除余量,则需要分层加工。走刀路线如图 2-2-4 所示,在加工时为提高生产效率,在图中实线用 G01 完成,虚线用 G00 完成。

3. 加工经验及技巧

(1) 零件在加工完以后可能会在两端中心位置处留有一个小凸台,如图 2-2-5 所示。解决办法是在编程时让 X 轴走过中心,过中心的距离应根据刀尖圆弧半径而定。

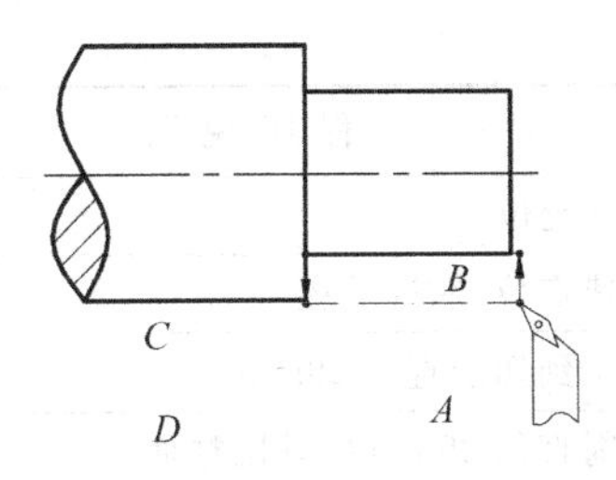

图 2-2-3 车圆柱面走刀路线

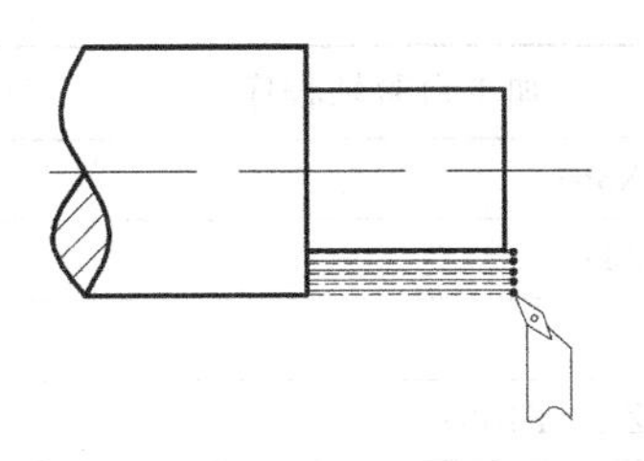

图 2-2-4 分层走刀路线

(2) 零件加工时会在倒角位置 A 点处出现毛刺，如图 2-2-6 所示。解决办法是在编程时对零件轮廓进行处理，将其延长到 B 点进行编程。

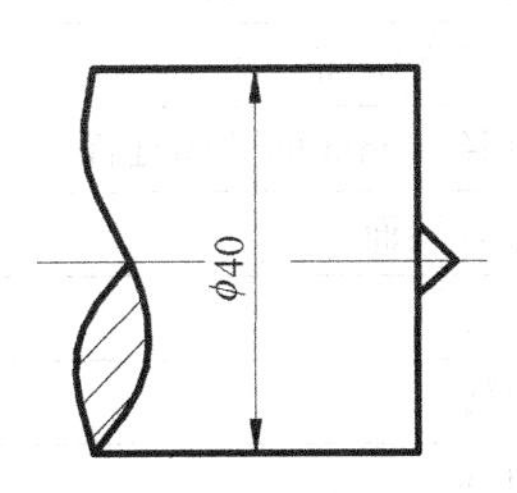

图 2-2-5 零件中心留有凸台

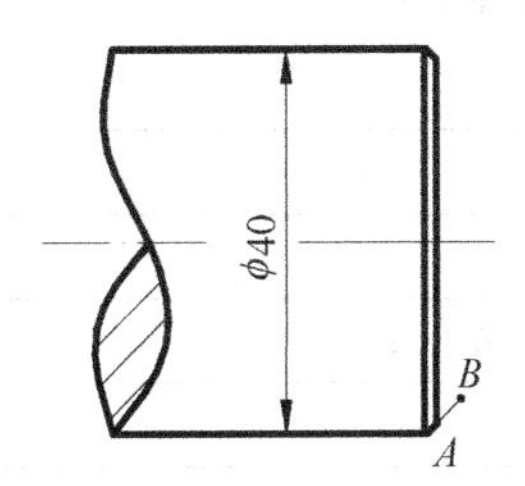

图 2-2-6 零件留有毛刺

二、台阶轴加工实例

加工如图 2-2-7 所示的零件，其编程见表 2-2-2。

表 2-2-2 台阶轴加工实例

编程实例图	刀具及切削用量表	
图 2-2-7	刀具	T0101 93°外圆正偏刀
	主轴转速 S	1000r/min
	进给量 F	100mm/min
	背吃刀量 a_p	<2mm
加工台阶轴程序	程序说明	
O1002;	程序名(号)	
N1 G00 X80 Z100;	换刀点	
N2 T0101 M03 S1000;	调用 01 号外圆车刀，轴转速为 1000r/min	
N3 G00 X31 Z3;	快速定位	
N4 G01 Z-50 F100;	G01 循环指令格式、定义进给速度 100mm/min	

续表

加工台阶轴程序	程序说明
N5 G01 X36；	G00 定位
N6 G00 Z3；	快速定位，靠近毛坯
N7 X29；	定位到切削直径 29mm
N8 G01 Z-20 F100；	切削直径 29mm 的外圆柱面
N9 G01 X31；	退刀
N10 G00 X36 Z3；	返回
N11 X28；	定位到切削直径 28mm
N12 G01 Z-20 F80；	切削直径 28mm 的外圆柱面
N13 X30；	加工直径台阶面
N14 Z-50；	切削直径 30mm 的外圆柱面
N15 X36；	车削台阶端面
N16 G00 X80 Z100；	返回换刀点
N17 M05；	主轴停转
N18 T0100；	取消刀补
N19 M30；	程序结束
%	程序结束符

三、车削台阶面和端面时产生废品的原因及预防措施

车削台阶面和端面时产生废品的原因及预防措施，见表 2-2-3。

表 2-2-3 车削台阶面和端面时产生废品的原因及预防措施

问题现象	产生原因	预防措施
台阶长度不正确	1. 刀具参数不准确。 2. 程序错误，坐标错误	1. 调整或重新设定刀具参数。 2. 检查修改程序
台阶定位尺寸不正确	1. 程序错误或读图错误。 2. 测量错误	1. 检查修改程序。 2. 正确测量
台阶的轴径不正确	1. 程序错误或读图错误。 2. 测量错误	1. 检查修改程序。 2. 正确测量
台阶表面或端面表面粗糙度达不到要求或留有振纹	1. 工件装夹不合理。 2. 刀具安装不合理。 3. 切削参数设置不合理	1. 正确装夹工件，保证刚度。 2. 调整刀具安装位置。 3. 降低切削速度和进给量
端面产生凸面或凹面	1. 刀具安装角度不合理。 2. 刀具尖磨损。 3. 刀尖角太小	1. 正确安装刀具。 2. 更换刀片或刃磨刀具。 3. 重新刃磨刀具

做一做

任务实施

一、任务准备

(1) 零件图工艺分析,提出工艺措施。

(2) 确定刀具,将所选定的刀具参数填入表2-2-4,以便于编程和任务实施。

表2-2-4　台阶轴数控加工刀具卡

<table>
<tr><td colspan="2">项目代号</td><td colspan="2"></td><td>零件名称</td><td></td><td>零件图号</td><td></td></tr>
<tr><td>序号</td><td>刀具号</td><td colspan="2">刀具规格名称</td><td>数量</td><td>加工表面</td><td>刀尖半径/mm</td><td>备注</td></tr>
<tr><td></td><td></td><td colspan="2"></td><td></td><td></td><td></td><td></td></tr>
<tr><td></td><td></td><td colspan="2"></td><td></td><td></td><td></td><td></td></tr>
<tr><td colspan="2">编制:</td><td colspan="3">审核:</td><td colspan="2">批准:</td><td>共　页</td></tr>
</table>

(3) 确定装夹方案和切削用量,根据被加工表面质量要求、刀具材料、工件材料,参考切削手册或有关参考书选取切削速度、进给速度和背吃刀量,结合工艺措施填表2-2-5。

表2-2-5　台阶轴数控加工工序卡

<table>
<tr><td colspan="2" rowspan="2">单位名称</td><td rowspan="2"></td><td>项目代号</td><td colspan="2">零件名称</td><td colspan="2">零件图号</td></tr>
<tr><td></td><td colspan="2"></td><td colspan="2"></td></tr>
<tr><td colspan="2">工序号</td><td>程序编号</td><td>夹具名称</td><td colspan="2">使用设备</td><td colspan="2">车间</td></tr>
<tr><td colspan="2"></td><td></td><td></td><td colspan="2"></td><td colspan="2"></td></tr>
<tr><td>工步号</td><td>工步内容</td><td>刀具号</td><td>刀具规格/mm</td><td>主轴转速/(r/min)</td><td>进给速度/(mm/min)</td><td>背吃刀量/mm</td><td>备注</td></tr>
<tr><td></td><td></td><td></td><td></td><td></td><td></td><td></td><td></td></tr>
<tr><td></td><td></td><td></td><td></td><td></td><td></td><td></td><td></td></tr>
<tr><td></td><td></td><td></td><td></td><td></td><td></td><td></td><td></td></tr>
<tr><td colspan="2">编制:</td><td colspan="2">审核:</td><td colspan="2">批准:</td><td colspan="2">共　页</td></tr>
</table>

情景链接、视频演示

(1) 如果不会台阶面加工时,可以扫描二维码观看视频,视频演示可作为自己操作的示范。

(2) 如果不知道走刀顺序和编程时,可以扫描二维码观看视频,视频演示可作为自己编程的参考。

(3) 如果不想看,那么,自己做完了,扫描二维码观看视频,视频演示上操作加工与你的操作加工有什么不同。

台阶轴的加工.mp4

二、编写加工程序

台阶轴的加工程序见表 2-2-6。

表 2-2-6　台阶轴数控加工程序表

编程零件图	走刀路线简图
φ54±0.1　φ52±0.05　φ50±0.05　φ48　25　10　5　40±0.1　80±0.2	
加工程序	**程序说明**

三、模拟加工

(1) 开机,回参考点。

(2) 编写并输入加工程序。

(3) 启动模拟加工,检查程序。

在模拟加工时,检查加工程序是否正确,如有问题立即修改。

四、真实加工

(1) 装夹工件和刀具。

(2) 试切法对刀。

(3) 单步加工无误后自动连续加工。

(4) 测量、修改刀具磨损值后再加工,进行控制质量。

(5) 检测,合格后取下工件。

(6) 工件调头车端面,检验合格后卸下工件。

(7) 数控车床的维护、保养及场地的清扫。

根据表 2-2-7 中各项指标,对台阶轴的加工情况进行评价。

表 2-2-7　台阶轴加工评价表　　mm

项目	指标		分值	自测(评)	组测(评)	师测(评)	备注
零件检测	台阶外圆	$\phi52\pm0.05$	15				
		$\phi50\pm0.05$	15				
		$\phi54\pm0.1$	10				
	长度	40 ± 0.1	10				
		80 ± 0.2	9				
		25、10、5	6				
	表面粗糙度	$Ra3.2\mu m$	5				
	去毛刺		5				
技能技巧	加工工艺		5				结合加工过程与加工结果,综合评价
	提前、准时、超时完成		5				
职业素养	场地和车床保洁		5				对照7S管理要求进行评定
	工量具定置管理		5				
	安全文明生产		5				

续表

项目	指　标	分值	评价方式			备注
			自测(评)	组测(评)	师测(评)	
合计		100				
综合评价						

注：

1. 评分标准

零件检测：尺寸超差0.01mm，扣5分，扣完本尺寸分值为止；表面粗糙度每降一级，扣3分，扣完为止。

技能技巧和职业素养，根据现场情况，由老师和同学约定执行。

2. 测评者说明

自测：由自己测量和评价，有数据的把数据填入表中，并根据评分标准评分。

组测：由自己所在组的组长测量和评价，采用组长轮值制，组长把数据填入表中并评分。

师测：由教师测量和评价，教师把数据填入表中给予评分。

评分说明：如果学生自测时，测出数据偏差较大，建议师傅（或教师）从总分里酌情扣除一定的分数（由师生共同协商而定）。

任务总结

完成任务后，请同学们进行总结与反思，对本任务有何体会和感悟，填写在表2-2-8中。

表2-2-8　体会与感悟

项　目	体会与感悟
最大收获	
存在问题	
改进措施	

一、判断题

1. G00、G01、G02、G03、G04等都属于模态码指令。　　(　　)

2. 在数控车加工中,同一程序里既可以用绝对坐标又可以用相对坐标。 ( )

3. 在数控车加工中,同一程序段里既可以用绝对坐标又可以用相对坐标。 ( )

4. 换刀点是指刀架转位换刀时的位置。换刀点应设置在工件或夹具的外部,以刀架转位时与工件及其他部位不发生运动干涉为准。 ( )

5. 不同的数控机床可能选用不同的数控系统,但数控加工指令都是相同的。( )

6. 在机床上用夹具装夹工件时,夹具的主要功能是使工件定位和夹紧。 ( )

7. 数控机床的夹具应有高效化、柔性化和高精度等优点。 ( )

8. 在大批量生产中,宜采用气动、液压等高效夹具。 ( )

二、单项选择题

1. 职业道德不体现( )。

A. 从业者对所从事职业的态度　B. 从业者的工资收入
C. 从业者的价值观　D. 从业者的道德观

2. 提高职业道德修养的方法有学习职业道德知识、提高文化素养、提高精神境界和( )等。

A. 加强舆论监督　B. 增强强制性
C. 增强自律性　D. 完善企业制度

3. 数控机床有以下特点,其中不正确的是( )。

A. 具有充分的柔性　B. 能加工复杂形状的零件
C. 加工的零件精度高,质量稳定　D. 操作难度大

4. 国标中对图样中除角度以外的尺寸的标注已统一以( )为单位。

A. 厘米　B. 英寸　C. 毫米　D. 米

5. 绝对坐标编程时,移动指令终点的坐标值 X、Z 都是以( )为基准来计算。

A. 工件坐标系原点　B. 机床坐标系原点
C. 机床参考点　D. 此程序段起点的坐标值

6. 主程序结束,程序返回至开始状态,其指令为( )。

A. M00　B. M02　C. M05　D. M30

7. 使主轴反转的指令是( )。

A. M90　B. G01　C. M04　D. G91

8. 工作坐标系的原点称( )。

A. 机床原点　B. 工作原点　C. 坐标原点　D. 初始原点

9. 手工建立新的程序时,必须最先输入的是( )。

A. 程序段号　B. 刀具号　C. 程序名　D. G 代码

10. 将状态开关置于“MDI”位置时,表示( )数据输入状态。

A. 机动　B. 手动　C. 自动　D. 联动

三、技能题

1. 加工台阶轴。台阶轴零件图如图 2-2-8 所示。

2. 台阶轴的加工评价见表 2-2-9。

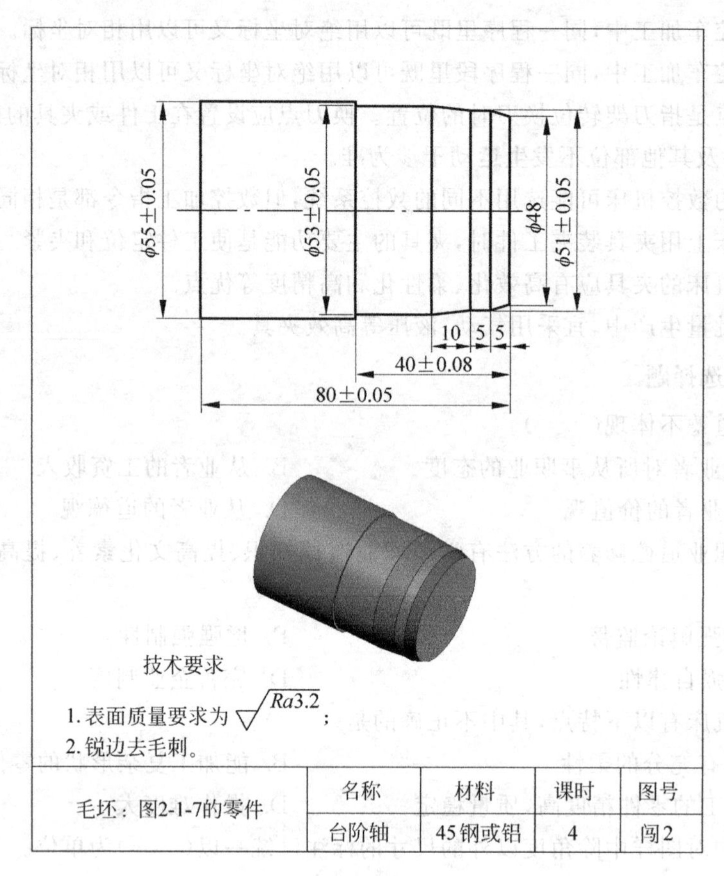

图 2-2-8　台阶轴

表 2-2-9　台阶轴加工评价表

mm

项目	指标		分值	评价方式			备注
				自测（评）	组测（评）	师测（评）	
零件检测	台阶外圆	$\phi55\pm0.05$	10				
		$\phi53\pm0.05$	10				
		$\phi51\pm0.05$	10				
		$\phi48$	5				
零件检测	长度	80 ± 0.05	10				
		40 ± 0.08	10				
		10、5、5	6				
	表面粗糙度	$Ra3.2\mu m$	9				
	去毛刺		5				
技能技巧	加工工艺		5				结合加工过程与加工结果，综合评价
	提前、准时、超时完成		5				

续表

项目	指标	分值	评价方式			备注
			自测(评)	组测(评)	师测(评)	
职业素养	场地和车床保洁	5				对照7S管理要求进行评定
	工量具定置管理	5				
	安全文明生产	5				
合计		100				
综合评价						

你完成并通过了两个任务，获得100个积分，恭喜你闯过正式学徒关，你现在是初级学徒工，你可以进入初级学徒关的学习。

项目3

简单圆弧面零件的加工(初级学徒关)

本关主要学习内容：了解圆弧面的加工方法和加工特点；掌握G02、G03指令的编程格式及其参数含义；学会G02/G03插补方向的判别，理解R和I、K编程的区别，并运用该指令编程加工；通过对凹/凸圆弧面零件任务的工艺分析与编程，掌握凸圆弧面、凹圆弧面的编程和加工。本关有两个学习任务，一个任务是简单凹圆弧面零件加工；另一个任务是简单凸圆弧面零件加工。

任务1　简单凹圆弧面零件加工

本任务的加工对象是由3段外圆柱面(2个台阶)、2段凹圆弧面(过渡圆弧)、2个端面组成的简单凹圆弧面零件，如图3-1-1所示，按图所示尺寸和技术要求完成零件的车削，采用图2-1-1的零件为毛坯。

1. 掌握G02/G03指令加工凹圆弧面。
2. 合理选择并安装车削凹圆弧面的车刀。
3. 掌握插补功能指令G02/G03的加工方向判别。
4. 熟记G02/G03指令的编程格式及参数含义，理解该指令的含义及用法，灵活运用R和I、K编程；能根据图纸正确制定加工工艺，并进行程序编制与加工。
5. 掌握圆弧面的检测。

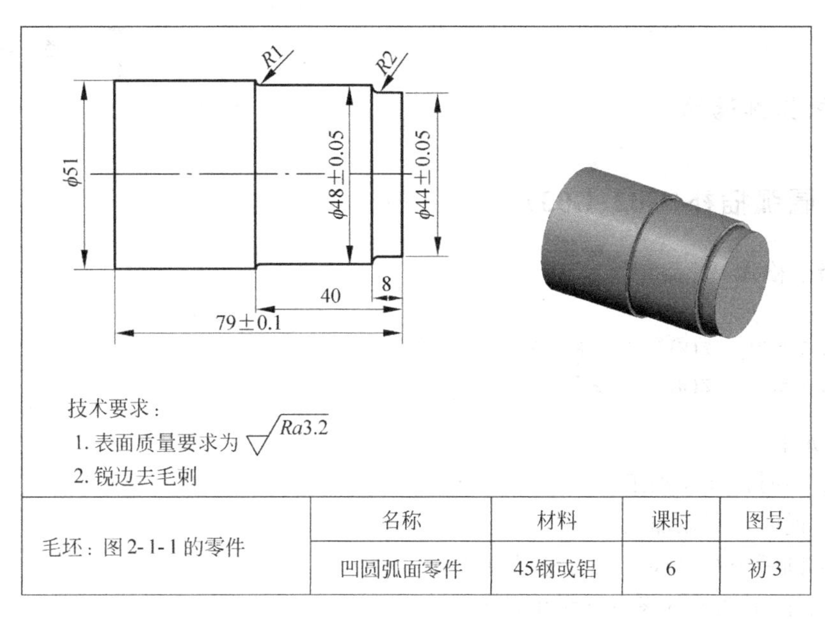

毛坯：图2-1-1的零件	名称	材料	课时	图号
	凹圆弧面零件	45钢或铝	6	初3

图 3-1-1　凹圆弧面零件

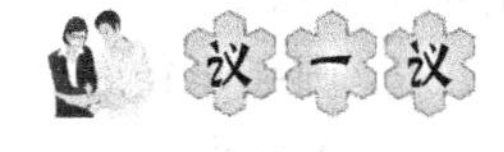

对加工零件图 3-1-1 进行任务分析，填写表 3-1-1。

表 3-1-1　简单凹圆弧面零件加工任务分析表

分析项目		分析结果
做什么	1. 结构主要特点是什么？	
	2. 尺寸精度要求是什么？	
	3. 加工毛坯特点是什么？	
	4. 其他技术要求是什么？	
怎么做	1. 需要什么量具？	
	2. 需要什么夹具？	
	3. 需要什么刀具？	
	4. 需要什么编程知识？	
	5. 需要什么工艺知识？	
	6. 注意事项：	
要完成这个任务	1. 最需要解决的问题是什么？	
	2. 最难解决的问题是什么？	

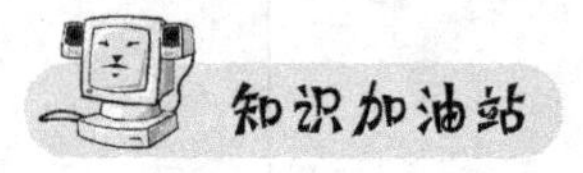

一、圆弧插补(G02、G03)

1. 指令格式

```
G02/G03 X(U)_  Z(W)_  I_  K_  F_
G02/G03 X(U)_  Z(W)_  R_ F_
```

说明如下。

G02：顺时针圆弧加工。

G03：逆时针圆弧加工。

X、Z：圆弧插补的终点绝对坐标值。

U、W：圆弧插补的终点增量坐标值。

I、K：圆心坐标值，指圆心坐标相对于圆弧起点坐标的距离与方向，I相对于 X 轴，K相对于 Z 轴。

R：圆弧半径。

F：进给率。

2. 执行圆弧插补需要注意的事项

(1) I、K(圆弧中心)的指定也可以用半径指定。

(2) 当I、K中有代码值为零时，该代码可以省略。

(3) 圆弧在多个象限时，该指令可连续执行。

(4) 在圆弧插补程序段内不能有刀具(T)指令。

(5) I、K和R同时被指令时，R可以优先指定，I、K被忽视。

3. 指令功能

G02/G03是模态代码，该指令是以顺时针或逆时针圆弧方式、给定的半径和指定移动速度从当前位置移动到指定位置。

(1) 顺、逆圆弧的判断。

圆弧插补G02/G03的判断是根据圆弧所在的平面，其插补时的旋转方向为顺时针或逆时针来区分的。判断方法是正对着圆弧所在平面(如 ZX 平面)，眼睛从另一坐标轴(Y 轴)的负方向向正方向看该圆弧，刀尖走过的圆弧为顺时针方向的为G02，刀尖走过的圆弧为逆时针方向的为G03。如图3-1-2所示。

图3-1-3所示的加工示意图是前置刀架式的数控车床坐标系，圆弧在 XZ 平面中G02/G03的运用实例，当刀具从 Z 轴的正方向向负方向切削时，加工外径圆弧中凸圆弧用G03、凹圆弧用G02；在加工内径圆弧中凸圆弧用G02、凹圆弧用G03。

(2) 加工圆弧前，刀具必须定位到圆弧起点。

(3) 用半径 R 的形式进行半径指定法编程时，由于在同一半径 R 的情况下，从圆弧

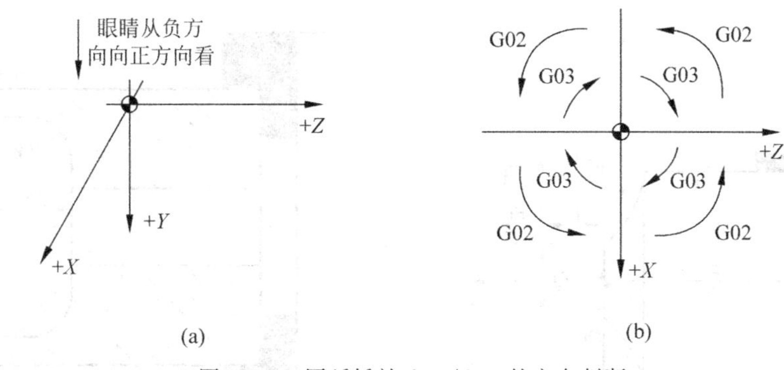

图 3-1-2　圆弧插补 G02/G03 的方向判断

的起点到终点有两个圆弧的可能性，如图 3-1-4 所示。为区别二者，规定：

圆心角 $\alpha \leqslant 180°$ 时，即图中的圆弧 1，R 取正值；

圆心角 $\alpha > 180°$ 时，即图中的圆弧 2，R 取负值。

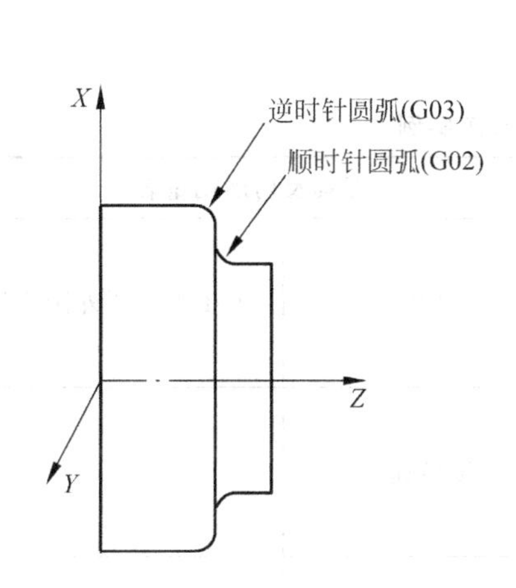

图 3-1-3　圆弧插补方向的判断

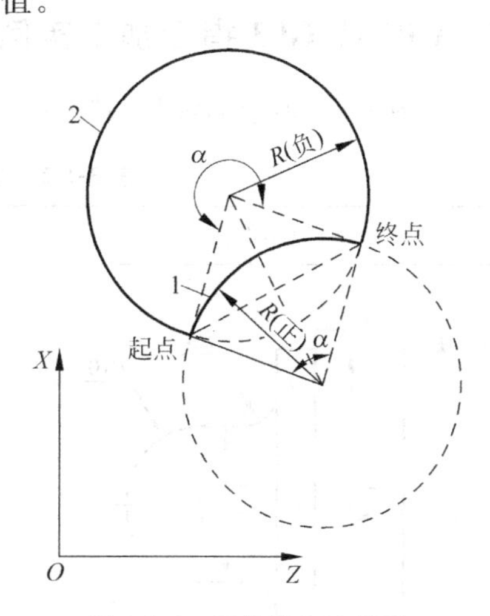

图 3-1-4　半径指定法编程

一般情况下，在数控车床加工时不会出现 $\alpha > 180°$ 的圆弧。

实例：编制如图 3-1-5 所示圆弧(从 A 点到 B 点)加工程序段。

加工程序如下。

(I,K)指令：`G02 X50　Z-10　I20　K17　F0.1;`

或　`G02 U30　W-10　I20　K17　F0.1;`

(R)指令：`G02　X50　Z-10　R27　F0.1;`

或　`G02　U30　W-10　R27　F0.1;`

实例：编制如图 3-1-6 所示圆弧(从 A 点到 B 点)加工程序段。

加工程序如下。

(I,K)指令：`G03 X32　Z-15　I-8　F0.1;`

或　`G03 U-8　W-8　I-8　F0.1;`

(R)指令：`G03　X32　Z-15　R8　F0.1;`

或　`G03　U-8　W-8　R8　F0.1;`

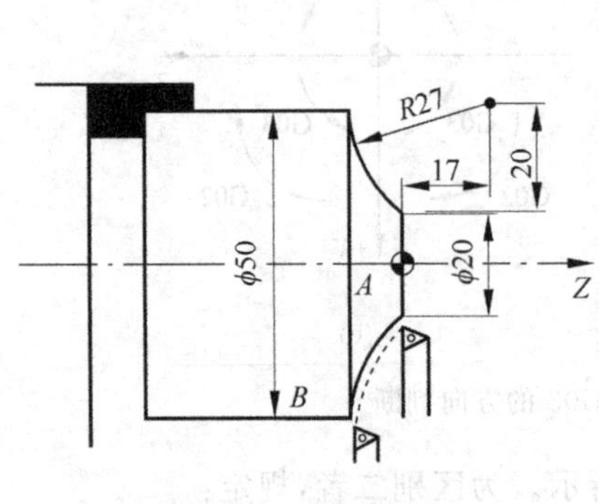

图 3-1-5 圆弧加工

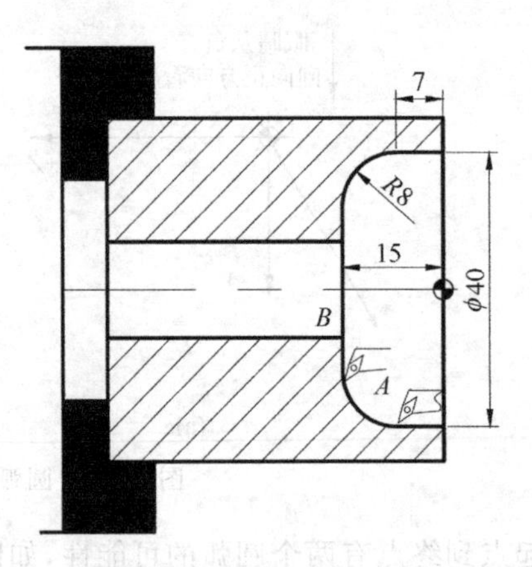

图 3-1-6 圆弧加工

二、G02 或 G03 指令加工实例

加工如图 3-1-7 所示的零件，其编程见表 3-1-2。

表 3-1-2 圆弧轮廓加工实例

编程实例图	刀具及切削用量表	
φ45 φ40 φ20 R5 R10 20 25 37 图 3-1-7	刀具	T0101 93°外圆正偏刀
	主轴转速 S	1000r/min
	进给量 F	100mm/min
	背吃刀量 a_p	<2mm

加工程序	程序说明(精加工路线)
O1003;	程序名
N10 M03 S1000;	启动主轴，转速 1000r/min
N20 T0101;	选择 1 号刀
N30 G00 X0 Z2;	快速移动靠近工件
N40 G01 Z0 F300;	定位至起点
N50 G03 X20 Z-10 R10;	加工 $R10$ 凸圆弧

续表

加工程序	程序说明(精加工路线)
N60 G01 Z-15 F300;	加工 ϕ20 外圆
N70 G02 X30 Z-20 I10;	加工 R5 圆弧
N80 G01 X40;	加工端面至 ϕ40
N90 Z-25;	加工 ϕ40 外圆
N100 X46;	退刀
N110 G00 X100 Z100;	退刀至安全点
N120 M30;	程序结束
%	程序结束符

三、圆弧的检测方法

1. 使用样板进行检测

当圆弧精度要求不高时,可以使用标准样板利用透光法检查圆弧面的情况,常用的标准样板有半径规、R 规、专用样板等,如图 3-1-8 所示。

(a) 半径规　(b) R规　(c) 专用样板

图 3-1-8　标准样板

圆弧面是否符合要求,根据样板与工件间出现的间隙而定。在图 3-1-9(a)中,被检验工件的圆弧面半径小于标准样板半径,图 3-1-9(b)所示则是被检测圆弧半径大于标准样板半径,均属于不合格产品。

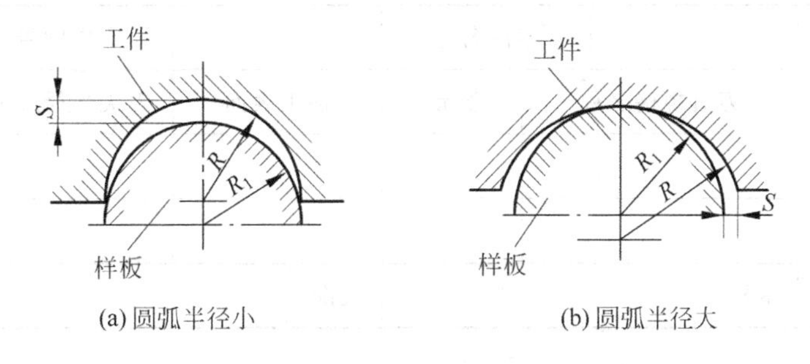

(a) 圆弧半径小　(b) 圆弧半径大

图 3-1-9　标准样板检测方法

2. 使用三坐标测量仪检测

当圆弧精度较高时，样板检测无法满足要求，可采用三坐标测量仪进行精确检测。

四、车削圆弧面时产生废品的原因及预防措施

车削圆弧面时产生废品的原因及预防措施见表 3-1-3。

表 3-1-3 车削圆弧面时产生废品的原因及预防措施

问题现象	产生原因	预防措施
圆弧的轮廓形状不正确	1. 刀具参数不准确。 2. 程序错误或坐标错误	1. 调整或重新设定刀具参数。 2. 检查修改程序
圆弧直径的不正确	1. 程序错误或坐标错误。 2. 测量错误	1. 检查修改程序。 2. 正确测量
圆弧的位置尺寸不正确	1. 程序错误。 2. 测量错误	1. 检查修改程序。 2. 正确测量
圆弧表面粗糙度大	1. 刀具安装角度不合理。 2. 刀具刀尖磨损。 3. 切削用量选择不当	1. 正确安装刀具。 2. 更换刀片或刃磨刀具。 3. 合理选择切削用量

一、任务准备

(1) 零件图工艺分析，提出工艺措施。

(2) 确定刀具，将选定的刀具参数填入表 3-1-4，以便于编程和任务实施。

表 3-1-4 凹弧面零件数控加工刀具卡

项目代号				零件名称		零件图号	
序号	刀具号	刀具规格名称		数量	加工表面	刀尖半径/mm	备注
编制：		审核：			批准：		共 页

(3) 确定装夹方案和切削用量，根据被加工表面质量要求、刀具材料、工件材料，参考切削手册或有关参考书选取切削速度、进给速度和背吃刀量，结合加工工艺措施填写表 3-1-5。

表 3-1-5 凹弧面零件数控加工工序卡

单位名称			项目代号	零件名称		零件图号	
工序号	程序编号		夹具名称	使用设备		车间	
工步号	工步内容	刀具号	刀具规格/mm	主轴转速/(r/min)	进给速度/(mm/min)	背吃刀量/mm	备注
编制:		审核:		批准:		共 页	

情景链接，视频演示

(1) 如果不会加工圆弧面时，可以扫描二维码观看视频，视频演示可作为自己操作的示范。

(2) 如果不知道走刀顺序和编程时，可以扫描二维码观看视频，视频演示可作为自己编程的参考。

(3) 如果不想看，那么，自己做完了，扫描二维码观看视频，视频演示上操作加工与你的操作加工有什么不同。

简单凹圆弧面零件加工.mp4

二、编写加工程序

根据前期的规划和图纸要求，编写加工程序，填写表 3-1-6。

表 3-1-6 简单凹圆弧面零件数控加工程序表

编程零件图	走刀路线简图
R1 R2 $\phi51$ $\phi48\pm0.05$ $\phi44\pm0.05$ 40 8 79 ± 0.1	

续表

加工程序	程序说明

三、模拟加工

(1) 开机,回参考点。

(2) 编写并输入加工程序。

(3) 启动模拟加工,检查程序。

在模拟加工时,检查加工程序是否正确,如有问题立即进行修改。

四、真实加工

(1) 装夹工件和刀具。

(2) 试切法对刀。

(3) 单步加工无误后自动连续加工。

(4) 测量,修改刀具磨损值后再加工,进行控制质量。

(5) 检测,合格后取下工件。

(6) 工件调头车端面,检验合格后卸下工件。

(7) 数控车床的维护、保养及场地的清扫。

根据表 3-1-7 中各项指标，对简单凹圆弧面零件加工情况进行评价。

表 3-1-7　简单凹圆弧面零件加工评价表　　mm

项目	指标		分值	评价方式			备注
				自测(评)	组测(评)	师测(评)	
零件检测	台阶外圆	$\phi51$	5				
		$\phi48\pm0.05$	10				
		$\phi44\pm0.05$	10				
	长度	79±0.1	10				
		40、8	5				
	圆弧	$R1$、$R2$	20				
	表面粗糙度	$Ra3.2\mu m$	5				
	去毛刺		5				
技能技巧	加工工艺		5				结合加工过程与加工结果，综合评价
	提前、准时、超时完成		5				
职业素养	场地和车床保洁		5				对照7S管理要求进行评定
	工量具定置管理		5				
	安全文明生产		5				
合计			100				
综合评价							

注：

1. 评分标准

零件检测：尺寸超差 0.01mm，扣 5 分，扣完本尺寸分值为止；表面粗糙度每降一级，扣 3 分，扣完为止。

技能技巧和职业素养，根据现场情况，由老师和同学约定执行。

2. 测评者说明

自测：由自己测量和评价，有数据的把数据填入表中，并根据评分标准评分。

组测：由自己所在组的组长测量和评价，采用组长轮值制，组长把数据填入表中并评分。

师测：由教师测量和评价，教师把数据填入表中给予评分。

评分说明：如果学生自测时，测出数据偏差较大，建议师傅(或教师)从总分里酌情扣除一定的分数(由师生共同协商而定)。

任务总结

完成任务后，请同学们进行总结与反思，对本任务有何体会和感悟，填写在表 3-1-8 中。

表 3-1-8 体会与感悟

项 目	体会与感悟
最大收获	
存在问题	
改进措施	

一、单项选择题

1. (　　)代码是国际标准化组织机构制定的用于数控和控制的一种标准代码。

A. ISO　　B. EIA　　C. G　　D. B

2. 下列功能指令中不是数控车床所特有的是(　　)功能。

A. G　　B. M　　C. S　　D. T

3. 在数控机床上,用于程序停止的指令是(　　)。

A. M00　　B. M01　　C. M02　　D. M03

4. 数控机床的分辨率是指(　　)。

A. 分辨位移的速度　　B. 分度精度

C. 最小设定单位　　D. 屏幕显示参数

5. 判断数控车床(只有 X、Z 轴)圆弧插补的顺逆时,观察者沿圆弧所在平面的垂直坐标轴(Y 轴)的正方向向负方向看去,顺时针方向为 G02,逆时针方向为 G03。通常,圆弧的顺逆方向判别与车床刀架位置有关,如图 3-1-10 所示,正确的说法为(　　)。

A. 图(a)表示刀架在机床前面时的情况

B. 图(b)表示刀架在机床后面时的情况

C. 图(b)表示刀架在机床前面时的情况

D. 以上说法均不正确

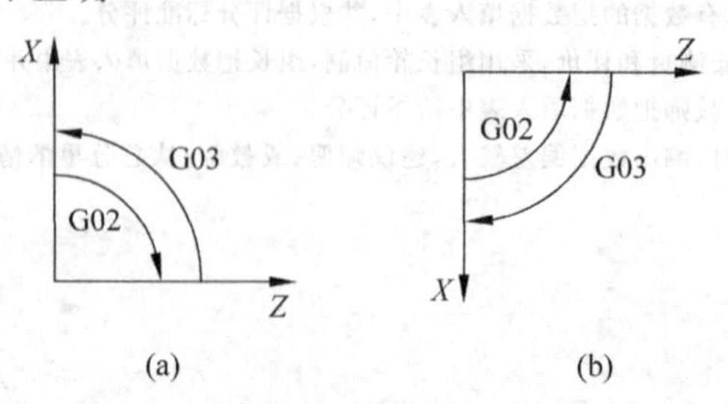

图 3-1-10 圆弧的顺逆方向与刀架位置的关系

6. 角铁式车床夹具上的夹紧机构，一般选用(　　)夹紧机构。

A. 偏心　　B. 斜楔　　C. 螺旋　　D. 任意

7. 车外圆，车刀装得低于工件中心时，车刀的(　　)。

A. 工作前角减小，工作后角增大　　B. 工作前角增大，工作后角减小

C. 工作前角增大，工作后角不变　　D. 工作前角不变，工作后角增大

8. 数控机床加工零件时是由(　　)来控制的。

A. 数控系统　　B. 操作者　　C. 伺服系统　　D. 程序

9. 圆弧插补方向(顺时针和逆时针)的规定与(　　)有关。

A. *X* 轴　　B. *Z* 轴

C. 不在圆弧平面内的坐标轴　　D. 都不是

10. 数控机床主轴以 800r/min 转速正转时，其指令应是(　　)。

A. M03 S800　　B. M04 S800　　C. M05 S800　　D. M04 F800

二、技能题

1. 加工简单圆凹弧面零件，如图 3-1-11 所示。

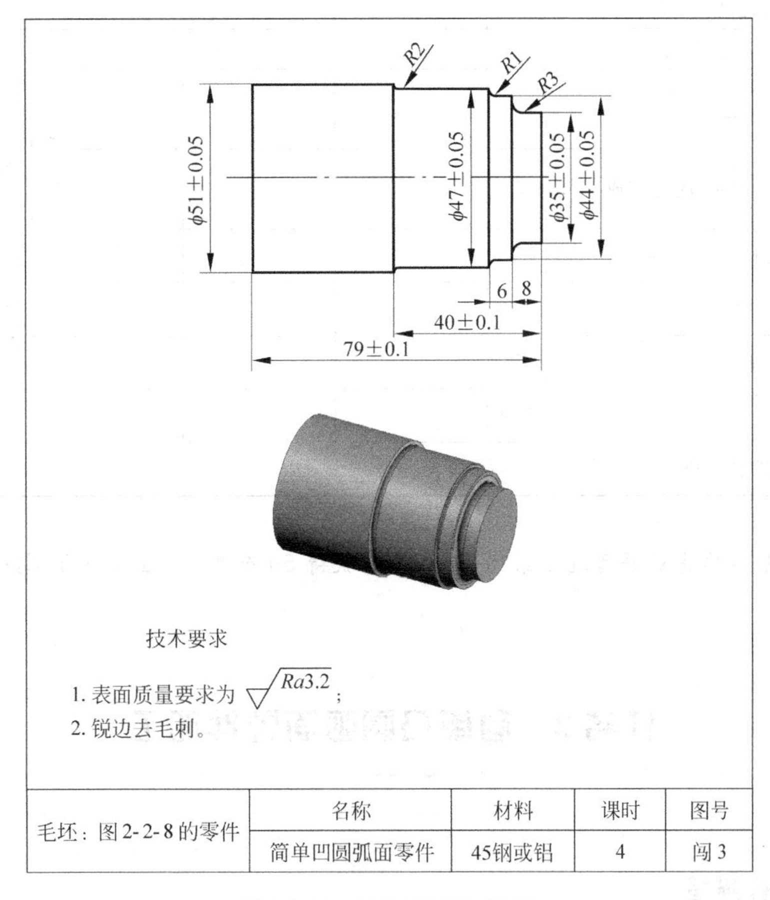

毛坯：图2-2-8的零件	名称	材料	课时	图号
	简单凹圆弧面零件	45钢或铝	4	闯3

图 3-1-11　简单凹圆弧面零件

2. 简单凹圆弧面零件的加工评价见表 3-1-9

表 3-1-9 简单凹圆弧面零件加工评价表 mm

项目	指标		分值	评价方式			备注
				自测(评)	组测(评)	师测(评)	
零件检测	外圆	$\phi51\pm0.05$	8				
		$\phi47\pm0.05$	8				
		$\phi44\pm0.05$	8				
		$\phi35\pm0.05$	8				
	长度	79 ± 0.1	5				
		40 ± 0.1	5				
		6、8	5				
	圆弧	$R1$	6				
		$R2$	6				
		$R3$	6				
	表面粗糙度	$Ra3.2\mu m$	5				
	去毛刺		5				
技能技巧	加工工艺		5				结合加工过程与加工结果，综合评价
	提前、准时、超时完成		5				
职业素养	场地和车床保洁		5				对照 7S 管理要求进行评定
	工量具定置管理		5				
	安全文明生产		5				
合计			100				
综合评价							

☺ 恭喜你完成并通过了第 1 个任务，并获得 50 个积分，继续加油，期待你闯过初级员工关。

任务 2 简单凸圆弧面零件加工

本任务加工对象是由 3 段外圆柱面(2 个台阶)、1 段凹圆弧面(过渡圆弧)、1 段凸圆

弧面(过渡倒圆角)、2 个端面组成的简单凸圆弧面零件，如图 3-2-1 所示，按图所示尺寸和技术要求完成零件的车削，采用图 3-1-1 的零件为毛坯。

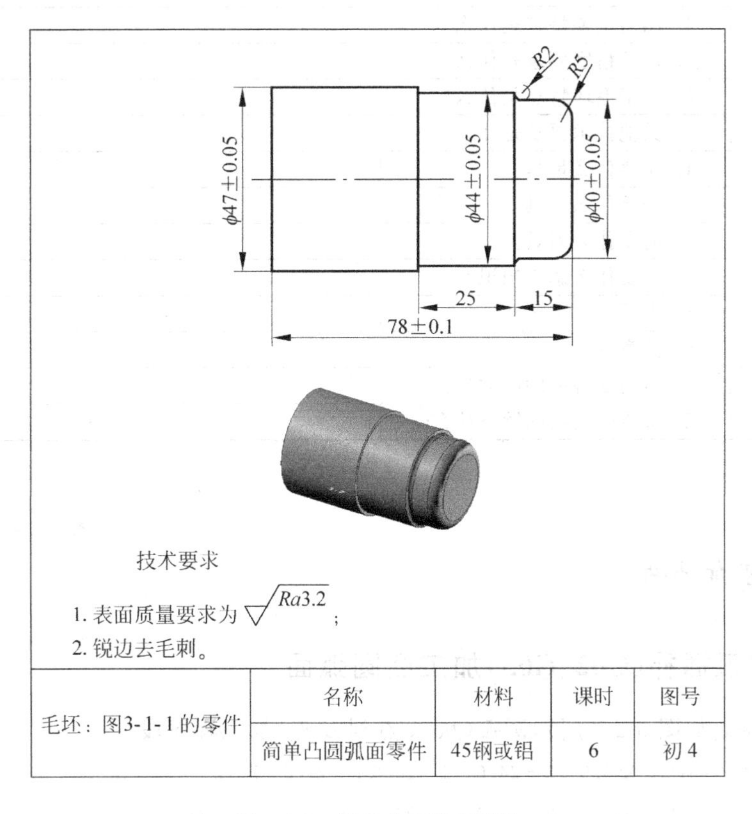

图 3-2-1　简单凸圆弧面零件

学习目标

1. 掌握 G02/G03 指令加工凸圆弧面。
2. 合理选择并安装加工凸圆弧面的车刀。
3. 掌握插补功能指令 G02/G03 的加工方向判别。
4. 熟记 G02/G03 指令的编程格式及参数含义，理解该指令的含义及用法，灵活运用 R 和 I、K 编程；能根据图纸正确制定加工工艺，并进行程序编制与加工。
5. 理解外圆、内圆单一固定车削循环 G90 指令的特点和参数，掌握其用法。

议一议

任务分析

对加工零件图 3-1-1 进行任务分析，填写表 3-2-1。

表 3-2-1 简单凸圆弧面零件加工任务分析表

	分析项目	分析结果
做什么	1. 结构主要特点是什么？	
	2. 尺寸精度要求是什么？	
	3. 加工毛坯特点是什么？	
	4. 其他技术要求是什么？	
怎么做	1. 需要什么量具？	
	2. 需要什么夹具？	
	3. 需要什么刀具？	
	4. 需要什么编程知识？	
	5. 需要什么工艺知识？	
	6. 注意事项：	
要完成这个任务	1. 最需要解决的问题是什么？	
	2. 最难解决的问题是什么？	

一、圆弧插补(G02、G03)加工凸圆弧面

实例：编制如图 3-2-2 所示圆弧(从 A 点到 B 点)加工程序段。

(I,K)指令：G03 X50.0 Z-24.0 I-20.0 K-29.0 F0.2;

或 G03 U30.0 W-24.0 I-20.0 K-29.0 F0.2;

(R)指令：G03 X50.0 Z-24.0 R35.0 F0.2;

或 G03 U30.0 W-24.0 R35.0 F0.2;

实例：编制如图 3-2-3 所示圆弧(从 A 点到 B 点)加工程序段。

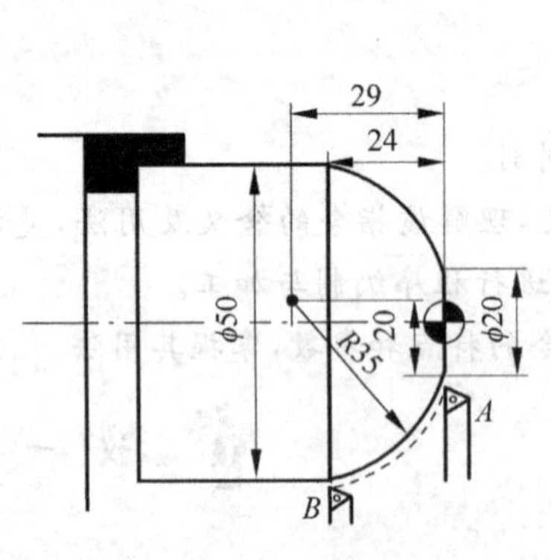

图 3-2-2 圆弧加工

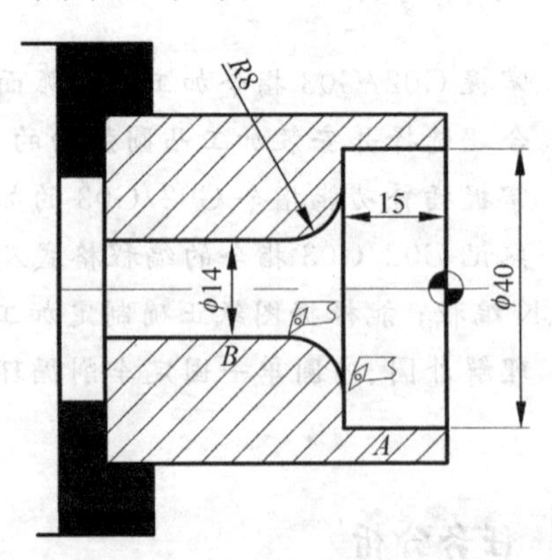

图 3-2-3 圆弧加工

加工程序如下。

(I,K)指令：G02 X14 Z-23 K-8 F0.1;

或　　　　G02 U-8　W-8　K-8　F0.1;

(R)指令：G02　X14　Z-23　R8　F0.1;

或　　　　G02　U-8　W-8　R8　F0.1;

二、外圆、内圆单一固定车削循环 G90

1. 指令格式

```
G90　X(U)__　Z(W)__　F __
```

说明：

X、Z：循环切削终点绝对坐标值。

U、W：循环切削终点增量坐标值。

F：切削速度。

2. 刀具运动轨迹

内、外圆柱车削循环指令 G90 的刀具运动轨迹路线如图 3-2-4 所示。

(1) X 轴快进刀至与终点坐标同一 X 坐标的位置上。

(2) 以进给速度沿 Z 轴车削至终点位置。

(3) X 轴以进给速度退至与起点同一 X 坐标的位置。

(4) Z 轴快退回起点。

图 3-2-4　G90 轨迹路线

三、编程实例

加工图 3-2-5 所示的轴，加工程序见表 3-2-2。

表 3-2-2　编程实例

编程实例图	刀具及切削用量表	
40.00 30.00 φ20.00 φ40.00 +Z +X 图　3-2-5	刀具	T0101　93°外圆正偏刀
	主轴转速 S	1000r/min
	进给量 F	100mm/min
	背吃刀量 a_p	<2mm

续表

加工程序	程序说明(精加工路线)
O1004;	程序名
N10 T0101;	选择1号刀
N20 G00 X100 Z100 M3 S1000;	启动主轴,转速1000r/min
N30 G00 X44 Z2;	快速定位到起点
N40 G90 X42 Z-40 F100;	切削至直径42mm的外圆柱面
N50 X36 Z-30;	切削至直径36mm的外圆柱面
N60 X32;	切削至直径32mm的外圆柱面
N70 X28;	切削至直径28mm的外圆柱面
N80 X24;	切削至直径24mm的外圆柱面
N90 X20;	切削至直径20mm的外圆柱面
N100 G00 X100 Z100;	退刀至安全点
N110 T0100;	取消刀具补偿
N120 M30;	程序结束
%	程序结束符

四、车削圆弧面时出现的问题及其产生原因和预防措施

车削圆弧面时出现的问题及其产生原因和预防措施,见表3-2-3。

表3-2-3 车削圆弧面时出现的问题及其产生原因和预防措施

问题现象	产生原因	预防措施
加工中工件产生过切	1. 选择刀具刀尖角太大。 2. 程序错误	1. 选用外圆尖刀(刀尖角为35°)。 2. 检查修改程序
利用外圆尖刀加工零件过程中出现扎刀现象,造成刀具断裂	1. 切削深度过大。 2. 切屑阻塞。 3. 刀具刀尖角太尖	1. 选择合理切削深度。 2. 注意排屑。 3. 选择合适的刀尖角车刀
程序不执行	1. 刀具参数不准确。 2. 程序错误	1. 调整或重新设定刀具参数。 2. 检查修改程序
凸圆弧加工成凹圆弧	1. G02和G03指令用法不正确。 2. 程序错误	1. 正确理解G02和G03指令。 2. 检查程序

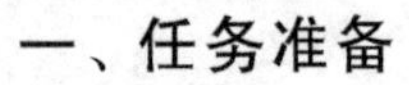

一、任务准备

(1) 零件图工艺分析,提出工艺措施。

(2) 确定刀具，将选定的刀具参数填入表3-2-4，以便于编程和任务实施。

表3-2-4　凸弧面零件零件数控加工刀具卡

项目代号			零件名称		零件图号	
序号	刀具号	刀具规格名称	数量	加工表面	刀尖半径/mm	备注
编制：		审核：		批准：		共　页

(3) 确定装夹方案和切削用量，根据被加工表面质量要求、刀具材料、工件材料，参考切削手册或有关参考书选取切削速度、进给速度和背吃刀量，结合工艺措施填写表3-2-5。

表3-2-5　凸弧面零件零件数控加工工序卡

单位名称			项目代号	零件名称		零件图号	
工序号	程序编号		夹具名称	使用设备		车间	
工步号	工步内容	刀具号	刀具规格/mm	主轴转速/(r/min)	进给速度/(mm/min)	背吃刀量/mm	备注
编制：		审核：		批准：		共　页	

情景链接，视频演示

(1) 如果不会加工凸圆弧面时，可以扫描二维码观看视频，视频演示可作为自己操作的示范。

(2) 如果不知道走刀顺序和编程时，可以扫描二维码观看视频，视频演示可作为自己编程的参考。

(3) 如果你不想看，那么，自己做完了，扫描二维码观看视频，视频演示上操作加工与你的操作加工有什么不同。

简单凸圆弧面零件加工.mp4

二、编写加工程序

根据前期的规划和图纸要求，编写加工程序，填写表3-2-6。

表 3-2-6 简单凸弧面零件数控加工程序表

编程零件图	走刀路线简图
R2 R5 $\phi47\pm0.05$ $\phi44\pm0.05$ $\phi40\pm0.05$ 25 15 78 ± 0.1	
加 工 程 序	程 序 说 明

三、模拟加工

(1) 开机,回参考点。

(2) 编写并输入加工程序。

(3) 启动模拟加工,检查程序。

在模拟加工时,检查加工程序是否正确,如有问题立即进行修改。

四、真实加工

(1) 装夹工件和刀具。

(2) 试切法对刀。

(3) 单步加工无误后自动连续加工。

(4) 测量,修改刀具磨损值后再加工,进行控制质量。

(5) 检测,合格后取下工件。

(6) 工件调头车端面,检验合格后卸下工件。

(7) 数控车床的维护、保养及场地的清扫。

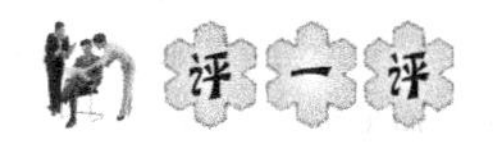

根据表 3-2-7 中各项指标,对简单凸圆弧面零件加工进行评价。

表 3-2-7　简单凸圆弧面零件加工评价表　　mm

项目	指标		分值	评价方式			备注
				自测(评)	组测(评)	师测(评)	
零件检测	外圆	$\phi47\pm0.05$	10				
		$\phi44\pm0.05$	10				
		$\phi40\pm0.05$	10				
	长度	78 ± 0.1	7				
		25	4				
		15	4				
	圆弧	$R2$	10				
		$R5$	10				
	表面粗糙度	$Ra3.2\mu m$	5				
	去毛刺		5				
技能技巧	加工工艺		5				结合加工过程与加工结果,综合评价
	提前、准时、超时完成		5				

续表

项目	指　　标	分值	评价方式			备注
			自测(评)	组测(评)	师测(评)	
职业素养	场地和车床保洁	5				对照7S管理要求进行评定
	工量具定置管理	5				
	安全文明生产	5				
合计		100				
综合评价						

注：

1. 评分标准

零件检测：尺寸超差0.01mm，扣5分，扣完本尺寸分值为止；表面粗糙度每降一级，扣3分，扣完为止。

技能技巧和职业素养，根据现场情况，由老师和同学约定执行。

2. 测评者说明

自测：由自己测量和评价，有数据的把数据填入表中，并根据评分标准评分。

组测：由自己所在组的组长测量和评价，采用组长轮值制，组长把数据填入表中并评分。

师测：由教师测量和评价，教师把数据填入表中给予评分。

评分说明：如果学生自测时，测出数据偏差较大，建议师傅(或教师)从总分里酌情扣除一定的分数(由师生共同协商而定)。

任务总结

完成任务后，请同学们进行总结与反思，对本任务有何体会与感悟，填写在表3-2-8中。

表3-2-8　体会与感悟

项　　目	体会与感悟
最大收获	
存在问题	
改进措施	

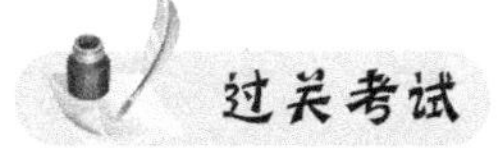

一、单项选择题

1. 数控车床中“CNC”的含义是(　　)。

　A. 数字控制　　B. 计算机数字控制

　C. 网络控制　　D. 中国网通

2. 选择“*ZX*”平面的指令是(　　)。

　A. G17　　B. G18　　C. G19　　D. G20

3. 辅助功能中与主轴有关的 M 指令是(　　)。

　A. M05　　B. M06　　C. M08　　D. M09

4. 圆弧插补指令 G03 X __ Z __ R __ 中,X、Y 后的值表示圆弧的(　　)。

　A. 起点坐标值　　B. 终点坐标

　C. 圆心坐标相对于起点的值　　D. 圆心坐标

5. 图 3-2-6 所示几处圆弧,分别采用(　　)指令编程加工。

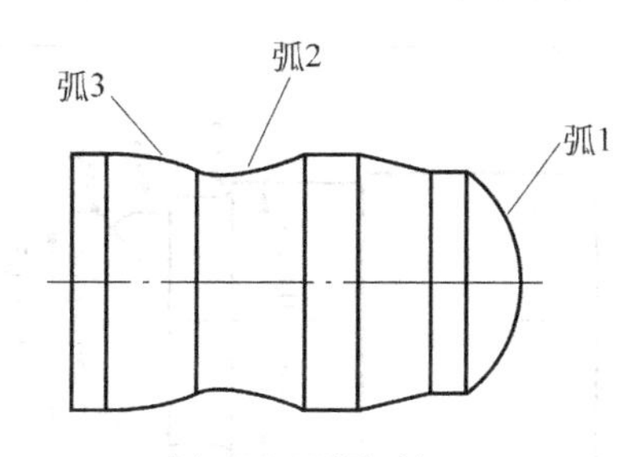

图 3-2-6　圆弧加工

　A. G03、G02、G03　　B. G02、G02、G03

　C. G02、G03、G03　　D. G03、G03、G02

6. 程序校验与首件试切的作用是(　　)。

　A. 检查机床是否正常

　B. 提高加工质量

　C. 检验程序是否正确及零件的加工精度是否满足图纸要求

　D. 检验参数是否正确

7. 脉冲当量是数控机床数控轴的位移量最小设定单位,脉冲当量的取值越小,插补精度(　　)。

　A. 越高　　B. 越低　　C. 与其无关　　D. 不受影响

8. 关于数控车床圆弧加工的说法正确的是(　　)。

　A. G02 是逆时针圆弧插补指令

　B. 增量编程时,U、W 为终点相对刀具当前点的距离

C. I、K 和 R 不能同时给予指令的程序段

D. 当圆心角为 90°～180°时，R 取负值

9. G02 X＿ Z＿ I＿ K＿ F＿中 I 表示(　　)。

A. X 轴终点坐标

B. X 轴起点坐标

C. 圆弧起点指向圆心的矢量在 X 轴上的分量

D. 圆心指向圆弧起点的矢量在 Z 轴上的分量

10. 用 FANUC 系统的指令编程，程序段 G02 X＿Y＿I＿J＿；中的 G02 表示(　　)，I 和 J 表示(　　)。

A. 顺时针插补，圆心相对起点的位置

B. 逆时针插补，圆心的绝对位置

C. 顺时针插补，圆心相对终点的位置

D. 逆时针插补，起点相对圆心的位置

二、技能题

1. 加工简单凸圆弧面零件，如图 3-2-7 所示。

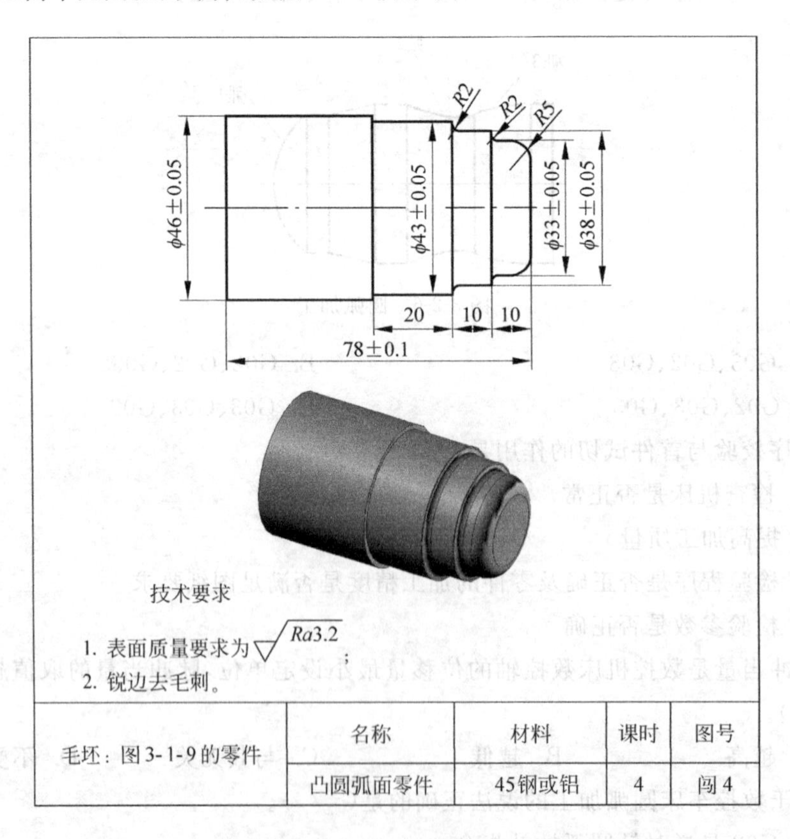

图 3-2-7　凸圆弧面零件

2. 凸圆弧面零件的加工评价见表 3-2-9。

表 3-2-9 凸圆弧面零件加工评价表 mm

项目	指标		分值	评价方式			备注
				自测(评)	组测(评)	师测(评)	
零件检测	外圆	$\phi46\pm0.05$	7				
		$\phi43\pm0.05$	7				
		$\phi38\pm0.05$	7				
		$\phi33\pm0.05$	7				
	长度	78 ± 0.1	7				
		20、10、10	12				
	圆弧	$R2\times2$	12				
		$R5$	6				
	表面粗糙度	$Ra3.2\mu m$	5				
	去毛刺		5				
技能技巧	加工工艺		5				结合加工过程与加工结果，综合评价
	提前、准时、超时完成		5				
职业素养	场地和车床保洁		5				对照7S管理要求进行评定
	工量具定置管理		5				
	安全文明生产		5				
合计			100				
综合评价							

恭喜你完成并通过了两个任务，并获得100个积分，恭喜你闯过初级员工关，你现在是初级学徒工，可以进入中级学徒关的学习。

项目4

单向渐进轴类零件的加工（中级学徒关）

本关主要学习内容：了解单向渐进轴类零件的加工方法和加工特点；了解锥体几何参数及其计算；确定锥体加工走刀路线，掌握运用G90指令编程加工锥体的方法；学会切削圆锥面；学会对锥体进行测量。本关有两个学习任务：一个任务是带有圆锥面轴类零件加工；另一个任务是带有成形面轴类零件加工。

任务1　带有圆锥面轴类零件加工

任务描述

本任务加工对象是由3段外圆柱面（2个台阶）、1段外圆锥面、2个端面组成的带有圆锥面轴类零件，如图4-1-1所示，按图所示尺寸和技术要求完成零件的车削，采用图3-2-1的零件为毛坯。

学习目标

1. 掌握运用G90指令加工外圆锥面和外圆柱面。
2. 能够对锥体进行计算、确定锥体加工走刀路线。
3. 熟记G90指令的编程格式及参数含义，理解该指令的含义及用法。
4. 能根据图纸正确制定加工工艺。
5. 学会检测锥体。

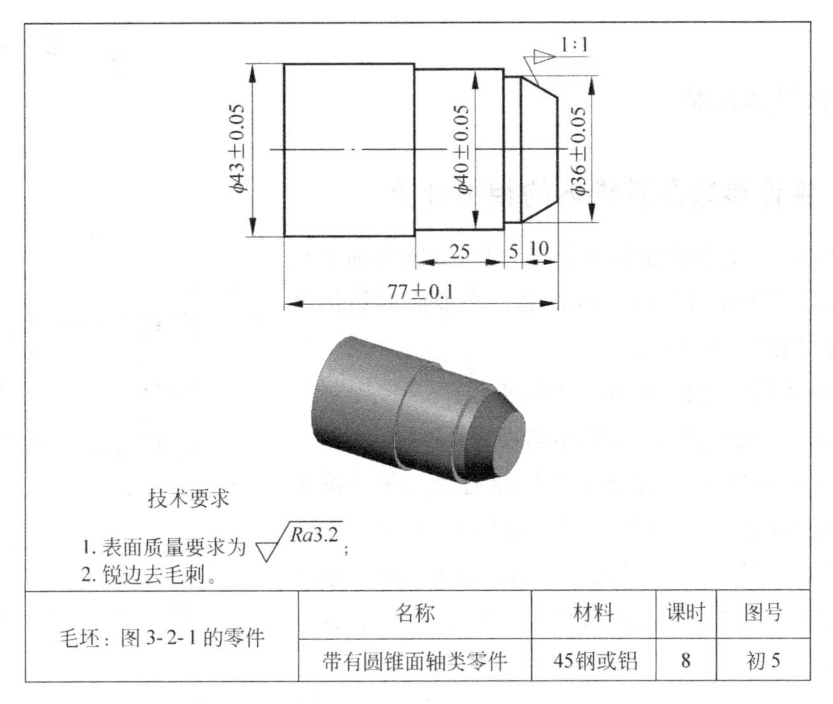

图 4-1-1　带有圆锥面轴类零件

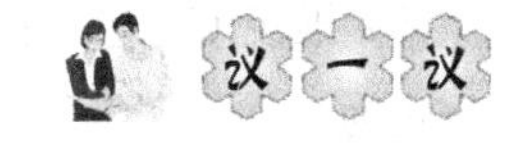

对加工零件图 4-1-1 进行任务分析，填写表 4-1-1。

表 4-1-1　带有圆锥面轴类零件加工任务分析表

分析项目		分析结果
做什么	1. 结构主要特点是什么？	
	2. 尺寸精度要求是什么？	
	3. 加工毛坯特点是什么？	
	4. 其他技术要求是什么？	
怎么做	1. 需要什么量具？	
	2. 需要什么夹具？装夹方案是什么？	
	3. 需要什么刀具？	
	4. 需要什么编程知识？	
	5. 需要什么工艺知识？	
	6. 注意事项：	
要完成这个任务	1. 最需要解决的问题是什么？	
	2. 最难解决的问题是什么？	

学一学

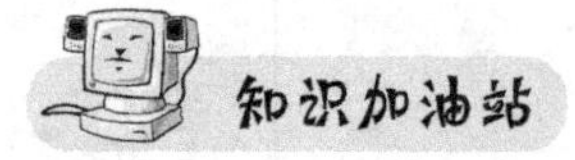

一、锥体参数及其锥体的相关计算

圆锥面结构的零件在机器中较为常见，圆锥加工是数控车工必须掌握的一项基本技能。圆锥面的结构名称和参数如图 4-1-2 所示。

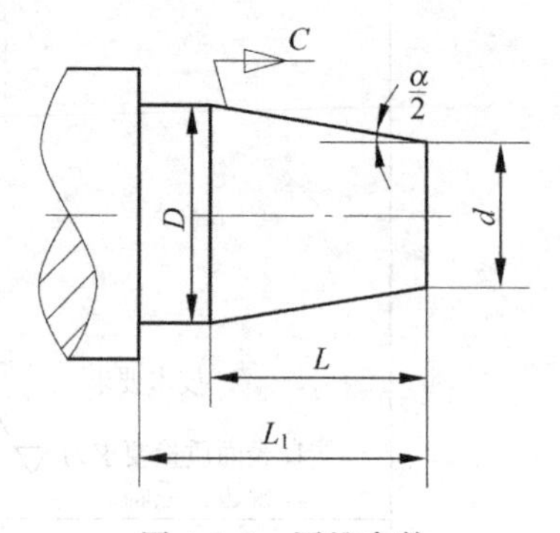

图 4-1-2　圆锥参数

(1) 最大圆锥直径 D，简称大端直径。

(2) 最小圆锥直径 d，简称小端直径。

(3) 圆锥长度 L，它是指最大圆锥直径与最小圆锥直径之间的轴向距离。工件全长一般用 L_1 表示。

(4) 圆锥角 α 是在通过圆锥轴线的截面内两条素线之间的夹角。但在计算时常用圆锥半角 $\alpha/2$ 表示，其计算公式为：

$$\tan\frac{\alpha}{2}=\frac{D-d}{2L}=\frac{C}{2}$$

(5) 锥度 C，它是指圆锥的最大圆锥直径和最小圆锥直径之差与圆锥长度之比，其计算公式为

$$C=\frac{D-d}{L}$$

例：有一外圆锥工件，已知锥度 $C=1:20$，小端直径 $d=64\text{mm}$，圆锥长度 $L=80\text{mm}$，求大端直径 D。

解：根据公式

$$C=\frac{D-d}{L}=2\tan\frac{\alpha}{2}$$

$$D=d+C\times L=64+\frac{1}{20}\times 80\text{mm}=68(\text{mm})$$

二、圆锥的检验

在数控车床上加工圆锥时，需要在加工过程中对其进行检验。对圆锥的检验主要包括圆锥角度与锥度的检验，常用的检验方法有：用万能角度尺检验、角度样板检验、涂色法检验。

1. 用万能角度尺检验

万能角度尺的结构如图 4-1-3 所示，它可以测量 0°～320°范围内的任意角度，测量时应根据角度的大小，选择不同的组合方式进行测量，如图 4-1-4 所示。

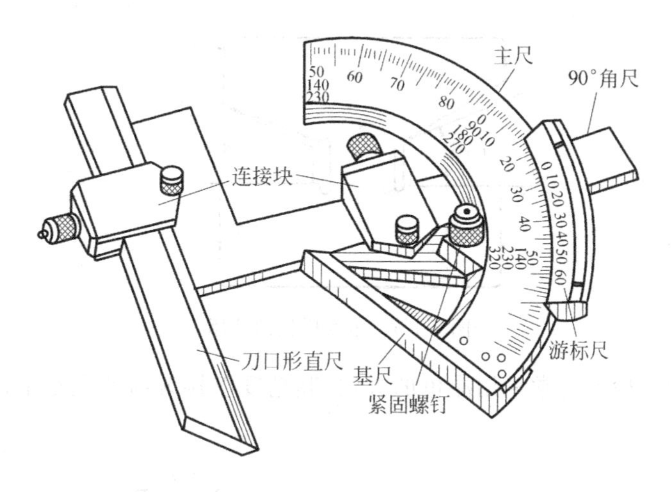

图 4-1-3　万能角度尺

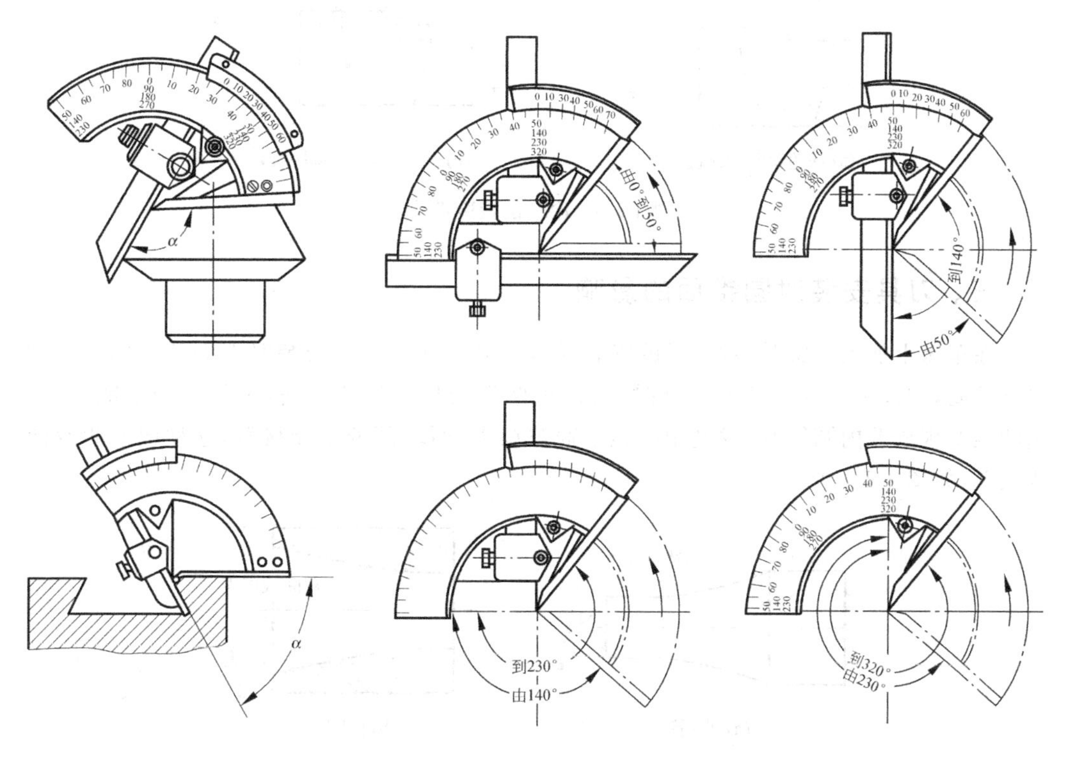

图 4-1-4　万能角度尺的组合方式

2. 用角度样板检验

角度样板属于专用量具，常用于批量生产，以提高检验效率，如图 4-1-5 所示。

3. 用涂色法检验

对于标准圆锥或配合要求较高的圆锥工件，一般使用圆锥套规和圆锥塞规，在实际生产中也可以用外圆锥工件检验内圆锥工件，或用内圆锥工件检验外圆锥工件，达到内外锥

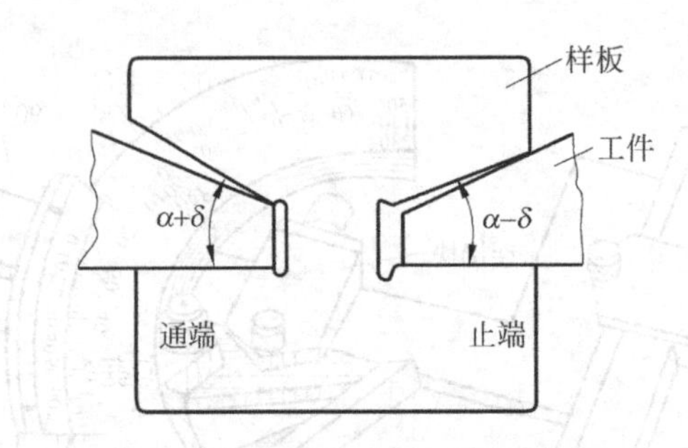

图 4-1-5　角度样板的使用

配合互检的目的。检验时常采用涂色的方法，其精度以接触面的大小来评定，如图 4-1-6 所示。

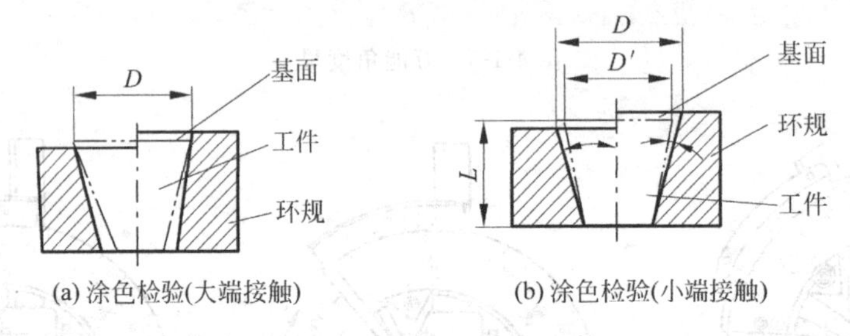

(a) 涂色检验(大端接触)　　(b) 涂色检验(小端接触)

图 4-1-6　涂色法检验锥体

三、刀具安装对圆锥面的影响

在车床上加工圆锥时，对刀具的安装要求较高。如果刀具安装时刀尖与车床主轴轴线不等高，用圆锥套规检验外圆锥时，会发现两端的显示剂被擦去，中间部分不能接触。用圆锥塞规检验内圆锥时，发现中间显示剂被擦去，两端部分不能接触，这种误差叫双曲线误差，如图 4-1-7 所示。

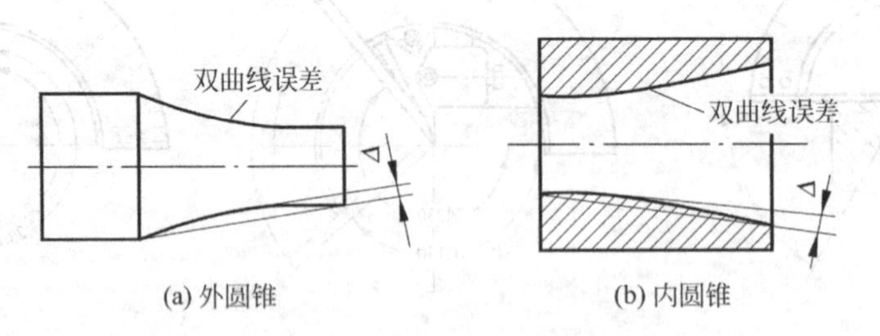

(a) 外圆锥　　(b) 内圆锥

图 4-1-7　圆锥面双曲线误差

四、圆锥面单一固定循环(G90)

1. 格式

G90 X(U)__ Z(W)__ R__ F__;

说明：

X、Z：循环切削终点处的绝对坐标值。

U、W：循环切削终点处的增量坐标值。

R：为圆锥面切削起点与圆锥面切削终点 X 坐标值的半径差，切削起点坐标大于切削终点坐标时，R 为正值，反之为负。

F：切削速度。

2. 刀具运动轨迹

G90 切削圆锥面的刀具运动轨迹路线如图 4-1-8 所示，也是由四个步骤组成，与圆柱面单一循环相似。

(1) X 轴快速进刀至圆锥体小端直径位置上。

(2) 以进给速度沿圆锥外表面车削至终点位置。

(3) X 轴以进给速度退至与起点同一 X 坐标的位置。

(4) Z 轴快退回起点。

3. 循环点的确定

G90 为循环指令，使用前必须先定义一个循环点起点，循环点起点的设置原则是刀具与工件不能发生碰撞，循环点与工件也不能太远，以免影响加工效率。使用 G90 进行圆锥面加工编程时，由于循环点的设定，刀具在 Z 坐标的起点一般不是圆锥的小端直径，此时 G90 指令中的 R 值将发生变化，需要进行相关计算。如图 4-1-9 所示，如果工件坐标系设在工件的右端面，循环点设在 A 点，已知 A 点的 Z 坐标值为 2mm，则 A 点的 X 值如何计算？

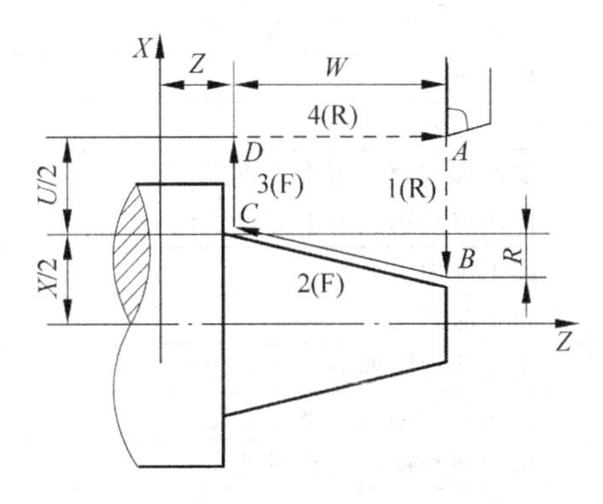

图 4-1-8 G90 锥面走刀路线

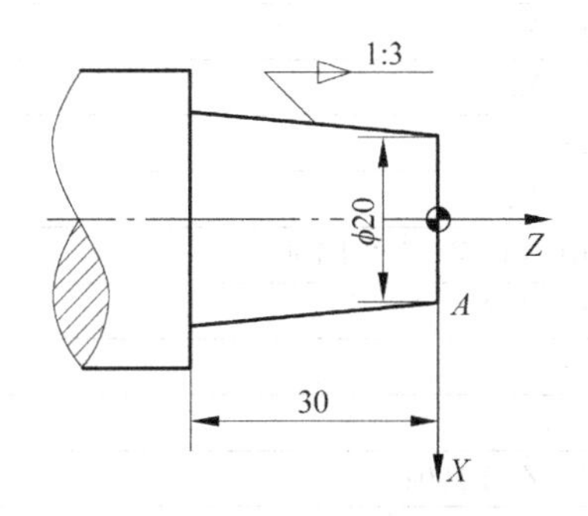

图 4-1-9 圆锥尺寸计算图

根据锥度 C 的计算公式：$C=\frac{D-d}{L}$，可算得 $D=30\text{mm}$；当循环点设在 A 点($Z-2$)处，相当于锥体延长了 2mm，再计算小端的直径 $d=19.333\text{mm}$。

五、圆锥面加工实例

加工如图 4-1-10 所示的零件，其编程见表 4-1-2。

表 4-1-2 圆锥面加工实例

编程实例图	刀具及切削用量表	
$\phi 10$ $\phi 30_{-0.04}^{0}$ 5 10 图 4-1-10	刀具	T0101 93° 外圆正偏刀
	主轴转速 S	1000r/min
	进给量 F	100mm/min
	背吃刀量 a_p	<2mm

用 G01 加工锥面加工程序	程 序 说 明
O1005;	程序号
…	$\phi 30$ 外圆已经粗、精车好
T0101;	调用 01 号外圆车刀(锥体加工采用平行切削方法)
M03 S1000;	主轴转速为 1000r/min
G00 X32 Z2;	快速移动接近工件
G01 X23 F100;	G01 直线移动到 X23mm,进给速度 F 为 100mm/min
X30 Z−1.5;	加工锥面
G00 X32;	G00 退刀
Z2;	快速移动第二刀下刀点定位
X17.4;	快速移动第二刀下刀点定位
G01 X30 Z−4.3 F100;	加工锥面
G00 X32;	G00 退刀
Z2;	快速移动第三刀下刀点定位
X11.7;	快速移动第三刀下刀点定位
G01 X30 Z−7.2 F100;	加工锥面
G00 X32;	G00 退刀
Z2;	快速移动第四刀下刀点定位
X10;	快速移动第四刀下刀点定位
G01 Z0 F100;	切削到圆锥小端直径处
G01 X30 Z−10 F100;	加工锥面
G00 X32;	G00 退刀
Z2;	快速移动 Z 向 2mm
G00 X100 Z100 M05;	移动到安全位置
T0100;	取消 1 号刀补
M30;	程序结束
%	程序结束符

续表

用 G90 加工锥面加工程序	程序说明
O002	程序号
…	ϕ30 外圆已经粗、精车好
T0101;	调用 01 号外圆车刀(锥体加工采用 G90 指令加工)
M03 S1000;	主轴转速为 1000r/min
G00 X32 Z2;	定义循环起点
G90 X30 Z−1.5 R−3.5 F100;	G90 指令锥面循环,进给速度 $F=100$mm/min
Z−4.3 R−6.35;	分层加工
Z−7.2 R−9.15;	分层加工
Z−10 R−12;	分层加工
G00 X100 Z100 M05;	快速退刀到安全换刀点,并停主轴
T0100;	取消 1 号刀刀补
M30;	程序结束
%	程序结束符

六、车削圆锥面时产生废品的原因及预防措施

车削圆锥面时产生废品的原因及预防措施见表 4-1-3。

表 4-1-3 车削圆锥面时产生废品的原因及预防措施

问题现象	产生原因	预防措施
圆锥面出双曲线误差	刀具刀尖与工件轴线不等高	调整刀具高度
锥度 C 误差大	1. 坐标计算错误。 2. 编程错误	1. 校核坐标值。 2. 检验校正程序
大端或小端直径不正确	1. R 值计算错误。 2. 编程错误。 3. 测量出错	1. 明确计算公式及计算原理。 2. 检验校正程序。 3. 重新测量
圆锥面表面粗糙度偏大	1. 刀具安装角度不合理。 2. 刀具刀尖磨损。 3. 切削用量选择不当	1. 正确安装刀具。 2. 更换刀片或刃磨刀具。 3. 合理选择切削用量

一、任务准备

(1) 对零件图进行工艺分析,提出工艺措施。

(2) 确定刀具,将选定的刀具参数填入表 4-1-4,以便编程和任务实施。

表 4-1-4　带有圆锥面轴类零件数控加工刀具卡

<table>
<tr><td colspan="2">项目代号</td><td></td><td colspan="2">零件名称</td><td></td><td>零件图号</td><td></td></tr>
<tr><td>序号</td><td>刀具号</td><td colspan="2">刀具规格名称</td><td>数量</td><td>加工表面</td><td>刀尖半径/mm</td><td>备注</td></tr>
<tr><td></td><td></td><td colspan="2"></td><td></td><td></td><td></td><td></td></tr>
<tr><td></td><td></td><td colspan="2"></td><td></td><td></td><td></td><td></td></tr>
<tr><td colspan="2">编制：</td><td colspan="3">审核：</td><td colspan="2">批准：</td><td>共　页</td></tr>
</table>

(3) 确定装夹方案和切削用量，根据被加工表面质量要求、刀具材料、工件材料，参考切削手册或有关参考书选取切削速度、进给速度和背吃刀量，结合工艺措施填写表 4-1-5。

表 4-1-5　带有圆锥面轴类零件数控加工工序卡

<table>
<tr><td colspan="2" rowspan="2">单位名称</td><td colspan="2" rowspan="2"></td><td>项目代号</td><td colspan="2">零件名称</td><td colspan="2">零件图号</td></tr>
<tr><td></td><td colspan="2"></td><td colspan="2"></td></tr>
<tr><td colspan="2">工序号</td><td colspan="2">程序编号</td><td>夹具名称</td><td colspan="2">使用设备</td><td colspan="2">车间</td></tr>
<tr><td colspan="2"></td><td colspan="2"></td><td></td><td colspan="2"></td><td colspan="2"></td></tr>
<tr><td>工步号</td><td colspan="2">工步内容</td><td>刀具号</td><td>刀具规格
/mm</td><td>主轴转速
/(r/min)</td><td>进给速度
/(mm/min)</td><td>背吃刀量
/mm</td><td>备注</td></tr>
<tr><td></td><td colspan="2"></td><td></td><td></td><td></td><td></td><td></td><td></td></tr>
<tr><td></td><td colspan="2"></td><td></td><td></td><td></td><td></td><td></td><td></td></tr>
<tr><td></td><td colspan="2"></td><td></td><td></td><td></td><td></td><td></td><td></td></tr>
<tr><td></td><td colspan="2"></td><td></td><td></td><td></td><td></td><td></td><td></td></tr>
<tr><td></td><td colspan="2"></td><td></td><td></td><td></td><td></td><td></td><td></td></tr>
<tr><td colspan="3">编制：</td><td colspan="2">审核：</td><td colspan="2">批准：</td><td colspan="2">共　页</td></tr>
</table>

情景链接，视频演示

(1) 如果不会加工圆锥面时，可以扫描二维码观看视频，视频演示可作为自己操作的示范。

(2) 如果不知道 G90 的走刀路线，可以扫描二维码观看视频，视频演示可以为你解答疑惑。

(3) 采用 G90 进行编程时，循环点将对锥体计算产生影响，不会进行计算时，扫描二维码观看视频。

带有圆锥面轴类零件加工. mp4

二、编写加工程序

根据前期的规划和图纸要求，编写加工程序，填写表 4-1-6。

表 4-1-6 带有圆锥面轴类零件数控加工程序表

编程零件图	走刀路线简图
1:1 $\phi43\pm0.05$ $\phi40\pm0.05$ $\phi36\pm0.05$ 25 5 10 77 ± 0.1	
加工程序	程序说明

三、模拟加工

(1) 开机,回参考点。

(2) 编写并输入加工程序。

(3) 启动模拟加工,检查程序。

在模拟加工时,检查加工程序是否正确,如有问题立即修改。

四、真实加工

(1) 装夹工件和刀具。

(2) 试切法对刀。

(3) 单步加工无误后自动连续加工。

(4) 测量,修改刀具磨损值后加工,即过程控制质量。

(5) 检测,合格后取下工件。

(6) 工件调头车端面,检验合格后卸下工件。

(7) 数控车床的维护、保养及场地的清扫。

任务评价

根据表 4-1-7 中各项指标,对带有圆锥面轴类零件加工进行评价。

表 4-1-7 带有圆锥面轴类零件加工评价表 mm

项目	指标		分值	评价方式			备注
				自测(评)	组测(评)	师测(评)	
零件检测	外圆	$\phi43\pm0.05$	10				
		$\phi40\pm0.05$	10				
		$\phi36\pm0.05$	10				
	长度	77 ± 0.1	8				
		25、10、5	12				
	圆锥	1∶1	12				
		10	3				
	表面粗糙度	$Ra3.2\mu m$	5				
	去毛刺		5				
技能技巧	加工工艺		5				结合加工过程与加工结果,综合评价
	提前、准时、超时完成		5				
职业素养	场地和车床保洁		5				对照7S管理要求进行评定
	工量具定置管理		5				
	安全文明生产		5				
合计			100				
综合评价							

注:

1. 评分标准

零件检测:尺寸超差 0.01mm,扣 5 分,扣完本尺寸分值为止;表面粗糙度每降一级,扣 3 分,扣完为止。

技能技巧和职业素养,根据现场情况,由老师和同学约定执行。

2. 测评者说明

自测:由自己测量和评价,有数据的把数据填入表中,并根据评分标准评分。

组测:由自己所在组的组长测量和评价,采用组长轮值制,组长把数据填入表中并评分。

师测:由教师测量和评价,教师把数据填入表中给予评分。

评分说明:如果学生自测时,测出数据偏差较大,建议师傅(或教师)从总分里酌情扣除一定的分数(由师生共同协商而定)。

任务总结

完成任务后，请同学们进行总结与反思，对本任务有何体会与感悟，填写在表 4-1-8 中。

表 4-1-8　体会与感悟

项　　目	体会与感悟
最大收获	
存在问题	
改进措施	

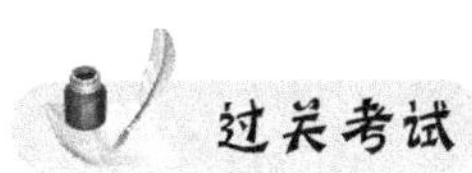

过关考试

一、单项选择题

1. 单一固定圆锥面切削循环指令 G90 中的 R 值是指(　　)。

   A. 工件半径

   B. 圆锥面车削起点与圆锥面车削终点的半径差

   C. 圆锥面车削起点与圆锥面车削终点的直径差

   D. 圆锥面车削终点与圆锥面车削起点的半径差

2. (　　)功能为封闭的直线切削和圆锥切削循环。

   A. G90　　B. G01　　C. G04　　D. G02

3. 在加工圆锥时如果刀尖低于工件中心将产生(　　)。

   A. 双曲线　　B. 椭圆　　C. 抛物线　　D. 直线

4. 对于精度要求较高的圆锥面，常用(　　)检验。

   A. 圆锥量规涂色法　　B. 万能角度尺

   C. 角度样板　　D. 游标卡尺

5. 下列不属于加工圆锥面走刀路线的是(　　)。

   A. 平行切削方法　　B. 斜线切削方法

   C. 阶梯切削方法　　D. 圆弧切削方法

6. 数控机床(　　)时模式选择开关应放在 AUTO。

A. 自动状态　　B. 手动数据输入　　C. 回零　　D. 手动进给

7. GSK928 数控车床的脉冲当量 Z 轴 0.01mm,X 轴(　　)mm。

A. 0.005　　B. 0.01　　C. 0.05　　D. 0.1

8. 高度游标卡尺是靠改变量爪在测量面与底座工作面的相对位置,进行测高或(　　)。

A. 测量孔径　　B. 测量深度　　C. 划线　　D. 测垂直度

9. 切削铸铁等脆性材料(　　)。

A. 不加切削液　　B. 选用极压切削油

C. 选用乳化液　　D. 用压缩空气

10. 切削镁合金时用(　　)。

A. 煤油　　B. 极压乳化液　　C. 不加切削液　　D. 切削液

二、技能题

1. 加工圆锥轴,如图 4-1-11 所示。

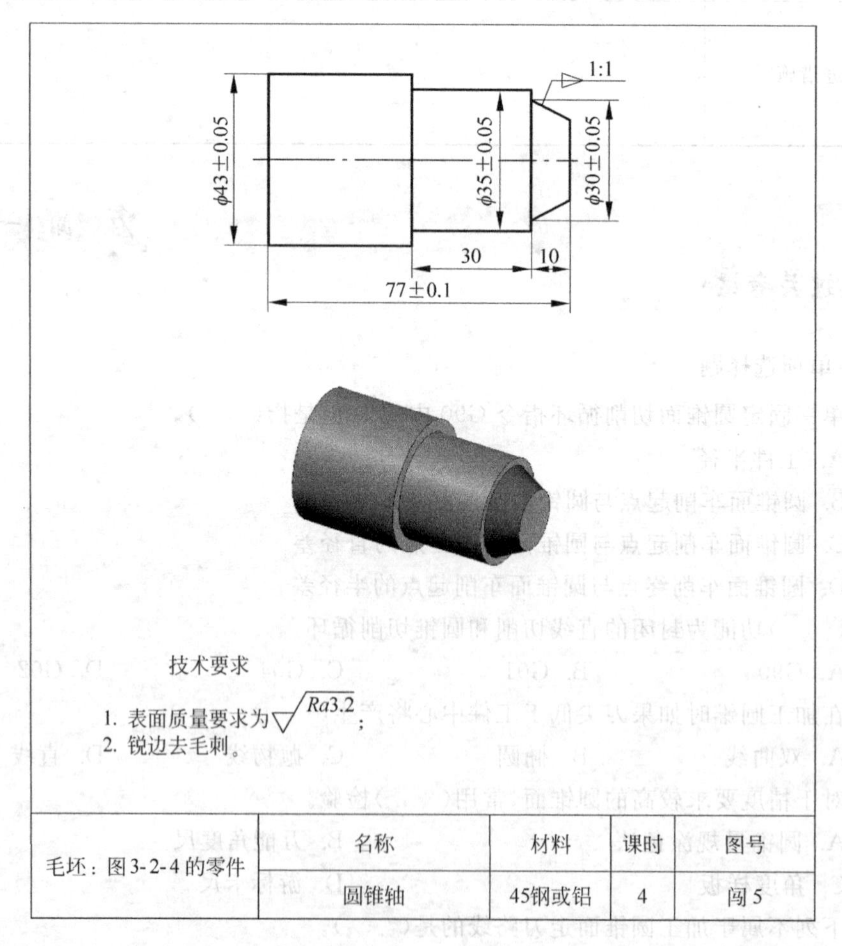

图 4-1-11　圆锥轴

2. 圆锥轴的加工评价见表 4-1-9。

表 4-1-9　圆锥轴加工评价表　　mm

项目	指标		分值	评价方式			备注
				自测(评)	组测(评)	师测(评)	
零件检测	外圆	$\phi 43 \pm 0.05$	10				
		$\phi 35 \pm 0.05$	10				
		$\phi 30 \pm 0.05$	10				
	长度	77±0.1mm	10				
		30	9				
	圆锥	1∶1	12				
		10	4				
	表面粗糙度	$Ra3.2\mu m$	5				
	去毛刺		5				
技能技巧	加工工艺		5				结合加工过程与加工结果，综合评价
	提前、准时、超时完成		5				
职业素养	场地和车床保洁		5				对照7S管理要求进行评定
	工量具定置管理		5				
	安全文明生产		5				
合计			100				
综合评价							

恭喜你完成并通过了第 1 个任务，获得 50 个积分，继续加油，期待你闯过中级学徒关。

任务 2　带有成形面轴类零件加工

任务描述

本任务的加工对象是由 1 段外圆锥面、1 段凹圆弧面(过渡圆弧)、1 段球面、2 段外圆柱面、1 个端面组成的带有成形面轴类零件，如图 4-2-1 所示，按图所示尺寸和技术要求完成零件的车削，采用图 4-1-1 的零件为毛坯。

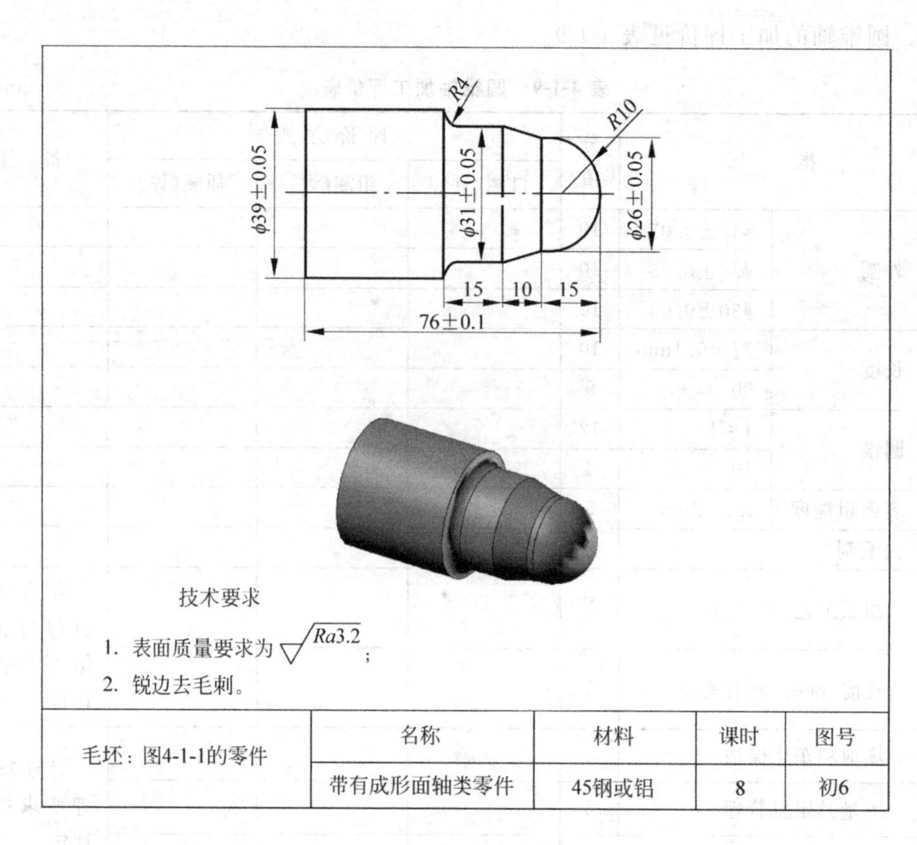

图 4-2-1 带有成形面轴类零件

学习目标

1. 掌握使用 G71、G70 指令加工单向递进的轴类零件。
2. 会根据图纸选择切削用量，能正确设定循环指令的循环点。
3. 熟记 G71、G70 指令的编程格式及参数含义，理解该指令的含义及用法。
4. 能根据图纸正确制定加工工艺，并进行程序编制与加工。
5. 能对零件的加工误差进行分析。

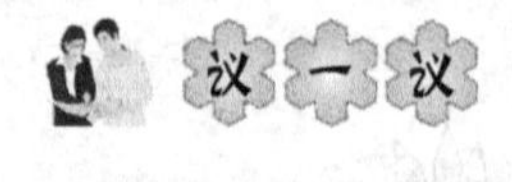

任务分析

对加工零件图 4-2-1 进行任务分析，填写表 4-2-1。

表 4-2-1 带有成形面轴类零件加工任务分析表

分析项目		分析结果
做什么	1. 结构主要特点是什么?	
	2. 尺寸精度要求是什么?	
	3. 加工毛坯特点是什么?	
	4. 其他技术要求是什么?	
怎么做	1. 需要什么量具?	
	2. 需要什么夹具?装夹方案是什么?	
	3. 需要什么刀具?	
	4. 需要什么编程知识?	
	5. 需要什么工艺知识?	
	6. 注意事项:	
要完成这个任务	1. 最需要解决的问题是什么?	
	2. 最难解决的问题是什么?	

一、相关功能指令

对于圆棒料,加工余量较大,一个表面往往需要进行多次反复的粗加工,如果对每个加工循环都编写若干个程序段,就会增加编程的工作量,还有烦琐的计算,为了简化加工程序,在加工时使用循环加工程序,可简化编程。

1. 内、外径粗加工循环指令(G71)

(1) 指令格式

```
G71  U(Δd)  R(e);
G71  P(ns)  Q(nf)  U(Δu) W(Δw) F(f);
N(ns)
 ⋮     } 精加工轨迹的描述
N(nf)
```

参数说明如下。

Δd:每次吃刀深度(半径值)。

e:每次切削循环的退刀量。

ns:精加工程序第一个程序段的顺序号。

nf:精加工程序最后一个程序段的顺序号。

Δu:X 方向上精车余量(直径值),外圆为正,内径为负。

Δw:Z 方向上的精车余量。

F:进给量。

（2）刀具运动轨迹

G71 适合棒料毛坯除去较大余量的切削，粗车后为精车留有 U（直径值）的精车余量，如图 4-2-2 所示。在 G71 指令程序中描述零件的精加工轮廓，系统会根据加工程序所描述的轮廓轨迹和 G71 指令内的各个参数自动生成加工路径，将粗加工待切除余料切削完成。

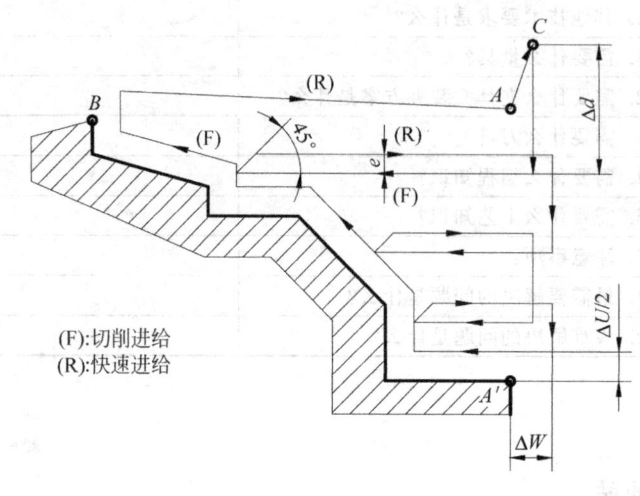

图 4-2-2 G71 指令走刀轨迹图

（3）注意事项

① G71 指令必须带有 P、Q 地址 ns、nf，且与精加工路径起、止顺序号对应，否则不能进行该循环加工。

② ns 的程序段必须为 G00/G01 指令，即从循环起点 C 到 A 点的动作必须是直线或点定位运动。

③ 在顺序号为 ns 到顺序号为 nf 的程序段中，不应包含子程序。

④ 粗加工时 G71 中编程的 F、S、T 有效，而精加工时处于 ns 到 nf 程序段之间的 F、S、T 有效。

⑤ 车削的路径必须是单调增大或单调减小，即不可有内凹的轮廓外形。对于 FANUC 系统，精加工轨迹的第一句必须是沿 X 方向进刀，且不能出现 Z 坐标，否则会出现程序报警。

2. 精加工循环指令（G70）

当用 G71 指令对工件进行粗加工之后，可以用 G70 指令完成精车加工切削，也就是让刀具按粗车循环指令的精加工路线切除粗加工中留下的余量。

指令格式：

G70 P (ns) Q (nf)

参数说明如下。

ns：精加工程序第一个程序段的顺序号。

nf：精加工程序最后一个程序段的顺序号。

二、带有成形面零件加工实例

加工如图 4-2-3 所示的零件，其编程见表 4-2-2。

表 4-2-2　带有成形面零件加工实例

编程实例图	刀具及切削用量表	
图　4-2-3	刀具	T0101 93°外圆正偏刀
	主轴转速 S	1000r/min
	进给量 F	100mm/min
	背吃刀量 a_p	＜2mm

用 G71/G70 指令加工成形面加工程序	程 序 说 明
O1006；	程序号
G98；	定义进给量
T0101；	调用 01 号外圆车刀
M03 S1000；	主轴转速为 1000r/min
G00 X44 Z2；	定义循环点
G71 U1 R0.5；	G71 循环指令
G71 P10 Q20 U0.5 W0.1 F100；	G71 循环指令
N10 G01 X0 F80；	精加工路线描述第一段
Z0；	精加工切削
X10；	精加工切削
G03 X30 Z−10 R10；	精加工切削
G01 Z−23；	精加工切削
G02 X34 Z−25 R2；	精加工切削
G01 X40	精加工切削
Z−40；	精加工切削(Z−35，也可以)
N20 X44；	精加工切削最后一段
G70 P10 Q20	精加工指令 G70
G00 X100 Z100 M05；	移动到安全位置
T0100；	取消 1 号刀刀补
M30；	程序结束
%	程序结束符

三、车削成形面时产生废品的原因及预防措施

车削成形面时产生废品的原因及预防措施见表 4-2-3。

表 4-2-3 车削成形面时产生废品的原因及预防措施

问题现象	产生原因	预防措施
圆弧表面质量较差或端部留有凸台	1. 刀具安装高度不准确。 2. 切削的线速度过低	1. 调整刀具，对准工件轴线。 2. 提高工件转速
第一次走刀为空走刀	循环起点位置不合理	正确定位循环起点
尺寸公差超差	1. 加工余量不够。 2. 刀具补偿值错误	1. 根据材料，预留合理的精加工余量。 2. 单件加工时，利用刀补控制尺寸

做一做

一、任务准备

(1) 对零件图进行工艺分析，提出工艺措施。

(2) 确定刀具，将选定的刀具参数填入表 4-2-4，以便编程和任务实施。

表 4-2-4 带有成形面轴类零件数控加工刀具卡

项目代号			零件名称		零件图号	
序号	刀具号	刀具规格名称	数量	加工表面	刀尖半径/mm	备注
编制：		审核：		批准：		共 页

(3) 确定装夹方案和切削用量，根据被加工表面质量要求、刀具材料、工件材料，参考切削手册或有关参考书选取切削速度、进给速度和背吃刀量，结合工艺措施填写表 4-2-5。

表 4-2-5 带有成形面轴类零件数控加工工序卡

单位名称		项目代号	零件名称	零件图号
工序号	程序编号	夹具名称	使用设备	车间

工步号	工步内容	刀具号	刀具规格/mm	主轴转速/(r/min)	进给速度/(mm/min)	背吃刀量/mm	备注
编制：		审核：		批准：		共 页	

情景链接，视频演示

(1) 如果不会操作加工时，可以扫描二维码观看视频，视频演示可作为操作的示范。

(2) 如果不知道 G71 的走刀轨迹，可以扫描二维码观看视频，视频演示将为你排忧解难。

(3) 如果你不想看，那么，自己做完了，扫描二维码观看视频，视频演示上操作加工与你的操作加工有什么不同。

带有成形面轴类零件加工.mp4

二、编写加工程序

根据任务的前期规划，编写加工程序，填写表 4-2-6。

表 4-2-6　带有成形面轴类零件数控加工程序表

编程零件图	走刀路线简图
R4　R10　$\phi39\pm0.05$　$\phi31\pm0.05$　$\phi26\pm0.05$　15　10　15　76 ± 0.1	
加工程序	程序说明

三、模拟加工

(1) 开机,回参考点。

(2) 编写并输入加工程序。

(3) 启动模拟加工,检查程序。

在模拟加工时,检查加工程序是否正确,如有问题立即进行修改。

四、真实加工

(1) 装夹工件和刀具。

(2) 试切法对刀。

(3) 单步加工无误后自动连续加工。

(4) 测量,修改刀具磨损值后再加工,进行控制质量。

(5) 检测,合格后取下工件。

(6) 工件调头车端面,检验合格后卸下工件。

(7) 数控车床的维护、保养及场地的清扫。

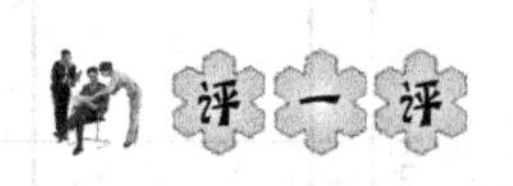

根据表 4-2-7 中各项指标,对带有成形面轴类零件加工进行评价。

表 4-2-7 带有成形面轴类零件加工评价表 mm

项目	指标		分值	评价方式			备注
				自测(评)	组测(评)	师测(评)	
零件检测	外圆	$\phi39\pm0.05$	10				
		$\phi31\pm0.05$	10				
		$\phi26\pm0.05$	10				
	长度	76 ± 0.1	6				
		15、15	6				
	圆锥	10	7				
	圆弧面	$R10$	8				
		$R4$	8				
	表面粗糙度	$Ra3.2\mu m$	5				
	去毛刺		5				
技能技巧	加工工艺		5				结合加工过程与加工结果,综合评价
	提前、准时、超时完成		5				

续表

<table>
<tr><td rowspan="2">项目</td><td rowspan="2">指　标</td><td rowspan="2">分值</td><td colspan="3">评价方式</td><td rowspan="2">备　注</td></tr>
<tr><td>自测(评)</td><td>组测(评)</td><td>师测(评)</td></tr>
<tr><td rowspan="3">职业素养</td><td>场地和车床保洁</td><td>5</td><td></td><td></td><td></td><td rowspan="3">对照7S管理要求进行评定</td></tr>
<tr><td>工量具定置管理</td><td>5</td><td></td><td></td><td></td></tr>
<tr><td>安全文明生产</td><td>5</td><td></td><td></td><td></td></tr>
<tr><td colspan="2">合计</td><td>100</td><td></td><td></td><td></td><td></td></tr>
<tr><td colspan="2">综合评价</td><td colspan="5"></td></tr>
</table>

注：

1. 评分标准

零件检测：尺寸超差0.01mm，扣5分，扣完本尺寸分值为止；表面粗糙度每降一级，扣3分，扣完为止。

技能技巧和职业素养，根据现场情况，由老师和同学约定执行。

2. 测评者说明

自测：由自己测量和评价，有数据的把数据填入表中，并根据评分标准评分。

组测：由自己所在组的组长测量和评价，采用组长轮值制，组长把数据填入表中并评分。

师测：由教师测量和评价，教师把数据填入表中给予评分。

评分说明：如果学生自测时，测出数据偏差较大，建议师傅(或教师)从总分里酌情扣除一定的分数(由师生共同协商而定)。

任务总结

完成任务后，请同学们进行总结与反思，对本任务有何体会与感悟，填写在表4-2-8中。

表4-2-8　体会与感悟

项　目	体会与感悟
最大收获	
存在问题	
改进措施	

过关考试

一、单项选择题

1. (　　)指令适合于粗车圆棒料毛坯。

A. G71　　B. G70　　C. G72　　D. G04

2. 在程序段 G71 U(Δd) R(e)中,Δd 表示(　　)。

A. 切深,无正负号,半径值　　B. 切深,有正负号,半径值

C. 切深,无正负号,直径值　　D. 切深,有正负号,直径值

3. 在 FANUC 系统中,G71 U1 R0.5;G71 P10 Q20 U0.3 W0.1 F100;其中 U0.3 表示(　　)。

A. *X* 方向的精加工余量　　B. 背吃刀量

C. 退刀量　　D. *Z* 方向的精加工余量

4. (　　)指令用于对工件进行精加工。

A. G71　　B. G70　　C. G72　　D. G00

5. 在使用 G71 指令进行编程时,循环点的设置一般(　　)。

A. 比毛坯直径小　　B. 比毛坯直径略大

C. 和毛坯直径一样　　D. 无所谓

6. 碳钢正火加热温度范围是(　　)℃。

A. 700~840　　B. 840~920

C. 920~1000　　D. 1500~2000

7. G70 指令的程序格式是(　　)。

A. G70 X Z　　B. G70 U R

C. G70 P Q U W　　D. G70 P Q

8. 在 G71 P(ns) Q(nf) U(Δu) W(Δw) S500 程序格式中,(　　)表示 *Z* 轴方向上的精加工余量。

A. Δu　　B. Δw　　C. ns　　D. nf

9. 采用 G50 设定坐标系之后,数控车床在运行程序时(　　)回参考点。

A. 用　　B. 不用

C. 可以用也可以不用　　D. 取决于机床制造厂的产品设计

10. G98/G99 指令为(　　)指令。

A. 模态　　B. 非模态

C. 主轴　　D. 指定编程方式的指令

二、技能题

1. 加工带有成形面轴类零件,如图 4-2-4 所示。

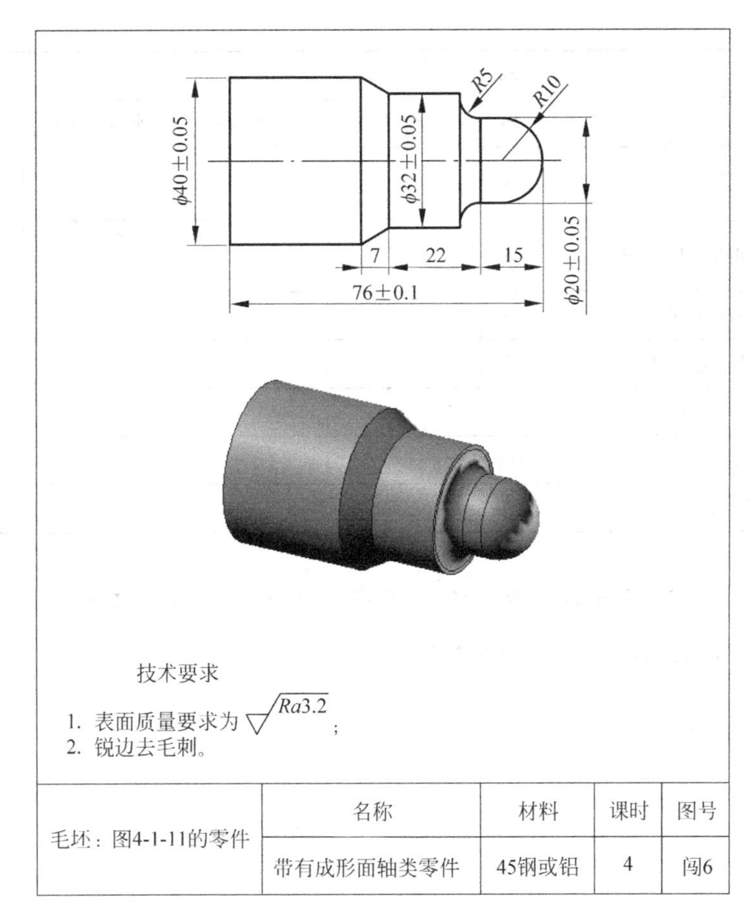

图 4-2-4　带有成形面轴类零件

2. 带有成形面轴类零件的加工评价见表 4-2-9。

表 4-2-9　带有成形面轴类零件加工评价表　　mm

项目	指标		分值	评价方式			备注
				自测(评)	组测(评)	师测(评)	
零件检测	外圆	$\phi40\pm0.05$	10				
		$\phi32\pm0.05$	10				
		$\phi20\pm0.05$	10				
	长度	76 ± 0.1	8				
		15、22	6				
	圆弧面	$R5$	7				
		$R10$	7				
	圆锥面	7	6				
	表面粗糙度	$Ra3.2\mu m$	6				
	去毛刺		5				

续表

项目	指标	分值	评价方式			备注
			自测(评)	组测(评)	师测(评)	
技能技巧	加工工艺	5				结合加工过程与加工结果，综合评价
	提前、准时、超时完成	5				
职业素养	场地和车床保洁	5				对照7S管理要求进行评定
	工量具定置管理	5				
	安全文明生产	5				
合计		100				
综合评价						

恭喜你完成并通过了两个任务，获得100个积分，你闯过中级学徒关，现在是高级学徒工，可以进入高级学徒关的学习。

项目5

初级工综合训练题(高级学徒关)

本关主要学习内容:了解精车和粗车的概念;掌握工件调头装夹的找正方法;掌握G01倒圆角、倒直角;通过刀补、修改程序对多台阶尺寸的精度进行控制;能够根据图纸综合应用G71、G70、G02、G03指令进行编程;能够根据图纸进行工艺分析,确定合理的走刀路线。本关有两个学习任务:一个任务是宝塔模型零件加工;另一个任务是节能灯模型零件加工。

任务1 宝塔模型零件加工

任务描述

本任务的加工对象是由1段外圆锥面、7段外圆柱面(7个台阶)、1个端面、6个凸圆弧面(6个过渡圆角)等组成的宝塔模型零件,如图5-1-1所示,它是数控车床加工难度适当的符合初级工技能考证要求的综合零件,按图所示尺寸和技术要求完成零件的车削,采用图4-2-1的零件为毛坯。

学习目标

1. 能够使用修改刀补法控制尺寸精度。
2. 能够通过修改程序的方法对多台阶外圆尺寸精度进行控制。
3. 能理解粗车、精车的概念。
4. 能根据图纸正确制定加工工艺,并进行程序编制与加工。
5. 能对综合型零件的加工误差进行分析。

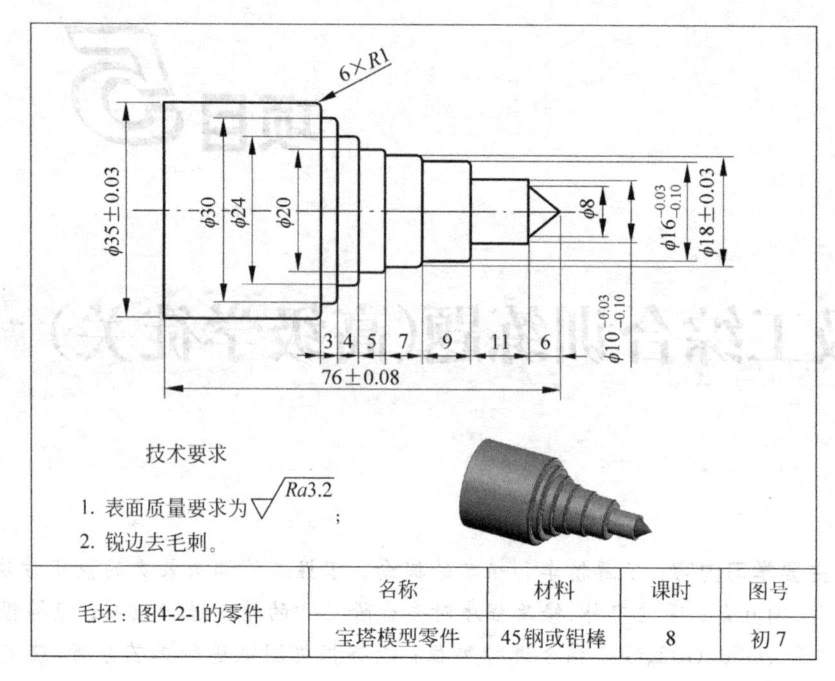

图 5-1-1 宝塔模型零件

议一议

对加工零件图 5-1-1 进行任务分析，填写表 5-1-1。

表 5-1-1 宝塔模型零件加工任务分析表

分析项目		分析结果
做什么	1. 结构主要特点是什么？	
	2. 尺寸精度要求是什么？	
	3. 加工毛坯特点是什么？	
	4. 其他技术要求是什么？	
怎么做	1. 需要什么量具？	
	2. 需要什么夹具？装夹方案是什么？	
	3. 需要什么刀具？	
	4. 需要什么编程知识？	
	5. 需要什么工艺知识？	
	6. 注意事项：	
要完成这个任务	1. 最需要解决的问题是什么？	
	2. 最难解决的问题是什么？	

一、粗车与精车

根据零件的加工精度、刚度和变形等因素来划分工序时，可按粗、精加工分开的原则来划分工序，即先粗加工再精加工。粗车是以合理的切削用量尽可能快地将余量去除，并留下合理的加工余量，加工特点是切削力较大，工件必须装夹可靠，原则上优先采用较大的背吃刀量及进给速度，以提高加工效率。

精车的主要目的是使工件获得准确尺寸精度和表面粗糙度的加工要求，应选取较小的进给量和较大的切削速度。

操作者在加工时应根据粗车和精车的特点，选择不同牌号的刀片和不同角度的车刀，在一般情况下，粗车刀具前角取小值，以提高刀具强度。精车时刀具前角取大值，可以使刀具锋利，以提高工件表面质量。

二、多台阶工件尺寸精度的控制

精度控制步骤：按图纸尺寸编制程序→对刀→在刀补内将尺寸放大→一次加工→精确测量→修改刀补磨损量(以其中一个尺寸的公差要求为基准修改刀补磨损量，其他台阶的尺寸公差控制采用修改程序数值的方式实现)→二次加工。

例：一个工件由三个外圆柱面组成，对工件进行第一次半精加工以后，用千分尺测量，第一个台阶的外圆直径大于图纸尺寸公差 0.3mm，第二个台阶的外圆直径大于图纸尺寸公差 0.4mm，第三个台阶的外圆直径大于图纸尺寸公差 0.5mm，现要保证工件三个外圆表面尺寸在公差范围内。

操作的具体步骤：任选台阶为基准进行补正，现以第一个台阶外圆为基准，找到相应的刀具磨损量补偿界面，在刀具偏置表中“X”项中输入“－0.3”，在程序中找到第二和第三个外圆尺寸字，将其 X 值所指的直径数据分别减小 0.1 和 0.2 即可。若 Z 向尺寸出现偏差也可以用刀具磨损量补偿，在“Z”项输入相应值即可。如采用 G71、G70 进行粗精加工的编程方案，则可将光标移至 G70 程序段再重新运行一次程序，自动加工后即可保证工件尺寸精度。

输入磨损量补偿参数(OFS/SET)的步骤如下。

(1) 按 OFS/SET 键，出现如图 5-1-2 所示界面。

(2) 按 F1 键，进入磨损量参数设置界面，如图 5-1-3 所示。

(3) 输入磨损补偿值，如“U－0.3”，按 F5 键输入，如图 5-1-4 所示。

三、车削多台阶外圆柱面时产生废品的原因及预防措施

车削多台阶圆柱面时产生废品的原因及预防措施见表 5-1-2。

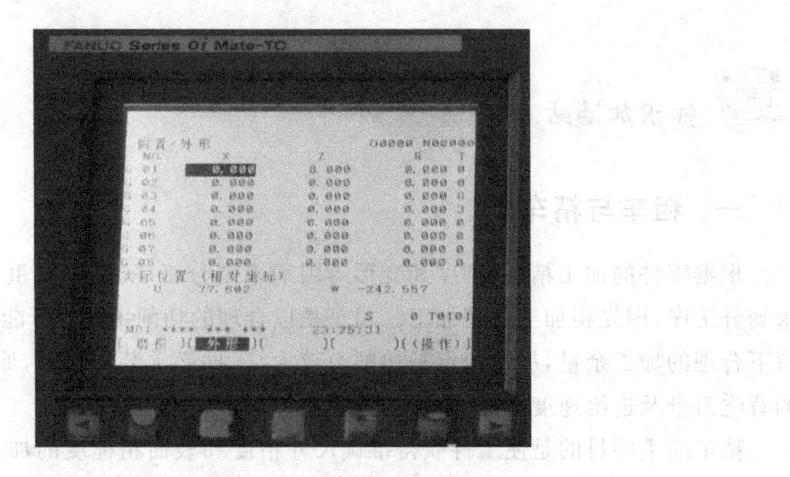

图 5-1-2　刀具几何偏置

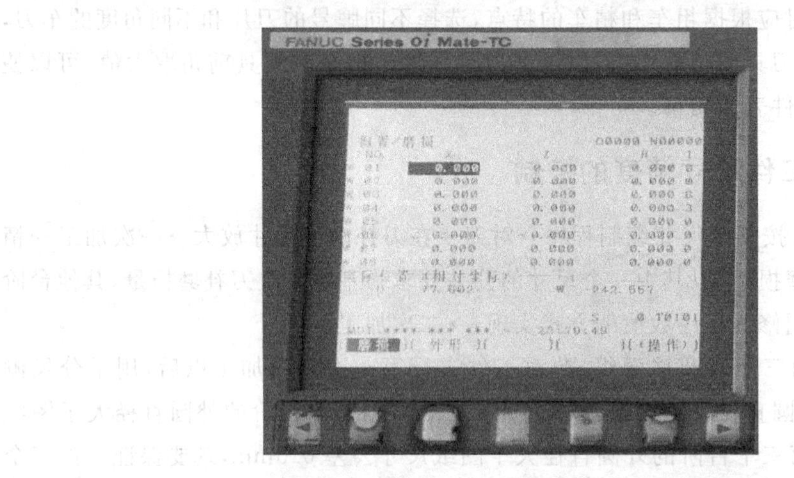

图 5-1-3　刀具磨损偏置

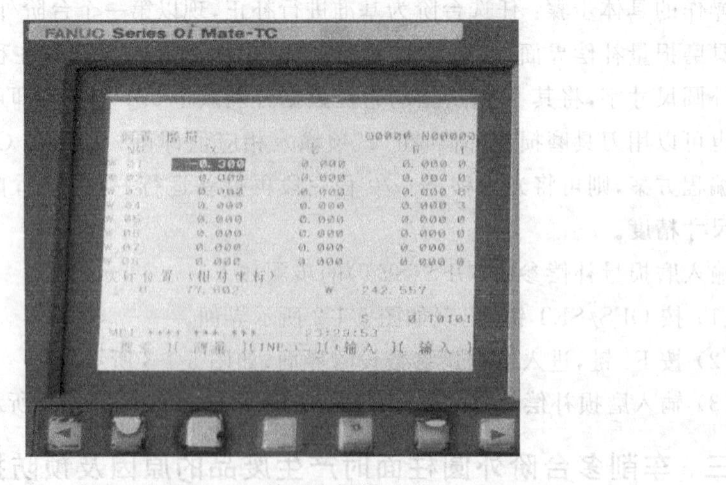

图 5-1-4　输入磨损值

表 5-1-2　车多台阶外圆柱面时产生废品的原因及预防措施

问题现象	产生原因	预防措施
外圆尺寸达不到精度要求	1. 测量错误。 2. 程序错误。 3. 刀补值不正确。 4. 余量不足	1. 正确测量圆柱面外径。 2. 检查程序。 3. 检查刀补。 4. 检查毛坯余量
长度尺寸达不到精度要求	1. 测量错误。 2. 程序错误。 3. 刀补值不正确	1. 正确测量圆柱面外径。 2. 检查程序。 3. 检查刀补
表面粗糙度偏大	1. 刀具磨损严重。 2. 表面质量差的外圆,余量不够。 3. 切削用量选择不当。 4. 没有分粗、精加工	1. 刀磨刀具或更换刀具。 2. 粗加工时留足加工余量。 3. 重新选择切削用量。 4. 分粗、精加工

一、任务准备

(1) 对零件图进行工艺分析,提出工艺措施。

(2) 确定刀具,将选定的刀具参数填入表 5-1-3 中,以便编程和任务实施。

表 5-1-3　宝塔模型零件数控加工刀具卡

项目代号			零件名称		零件图号	
序号	刀具号	刀具规格名称	数量	加工表面	刀尖半径/mm	备注
编制:		审核:		批准:		共　页

(3) 确定装夹方案和切削用量,根据被加工表面质量要求、刀具材料、工件材料,参考切削手册或有关参考书选取切削速度、进给速度和背吃刀量,结合工艺规划填写表 5-1-4。

表 5-1-4　宝塔模型零件数控加工工序卡

单位名称		项目代号	零件名称	零件图号
工序号	程序编号	夹具名称	使用设备	车间

续表

工步号	工步内容	刀具号	刀具规格/mm	主轴转速/(r/min)	进给速度/(mm/min)	背吃刀量/mm	备注
编制：		审核：		批准：		共　页	

情景链接，视频演示

(1) 如果不能保证多台阶尺寸精度时，可以扫描二维码观看视频，视频演示可以为你提供帮助。

(2) 如果对刀补画面较为困惑时，可以扫描二维码观看视频，视频演示可以为你解答疑惑。

宝塔模型零件加工. mp4

二、编写加工程序

根据前期的工艺规划与准备，编写加工程序，填写表 5-1-5。

表 5-1-5　宝塔模型零件数控加工程序表

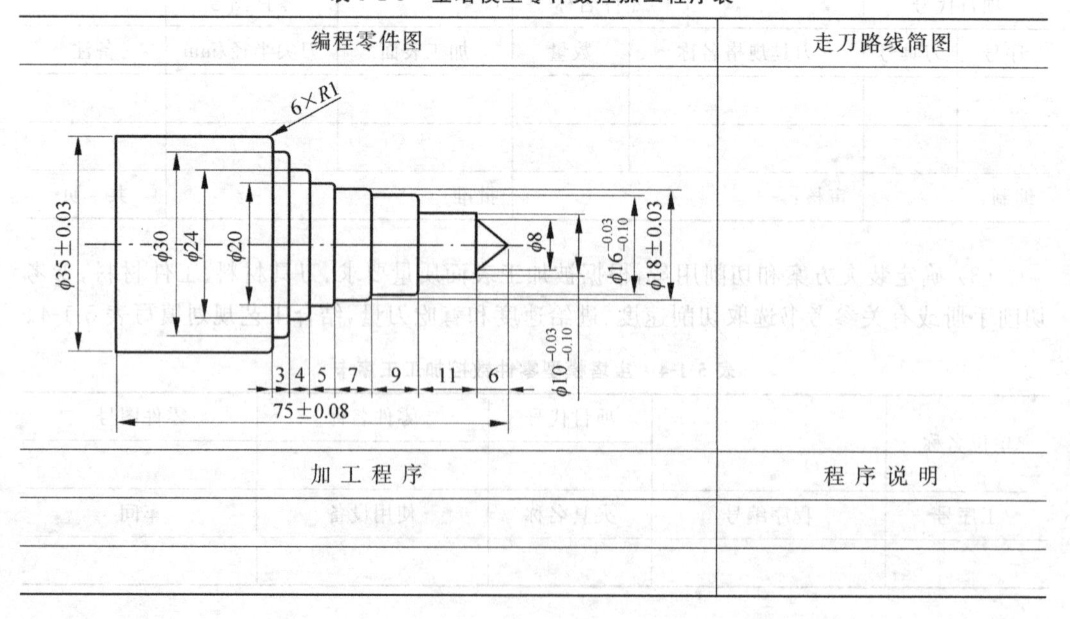

编程零件图	走刀路线简图
加工程序	程序说明

续表

加 工 程 序	程 序 说 明

三、模拟加工

(1) 开机,回参考点。

(2) 编写并输入加工程序。

(3) 启动模拟加工,检查程序。

在模拟加工时,检查加工程序是否正确,如有问题立即进行修改。

四、真实加工

(1) 装夹工件和刀具。

(2) 试切法对刀。

(3) 单步加工无误后自动连续加工。

(4) 测量,修改刀具磨损值后再加工,进行质量控制。

(5) 检测，合格后取下工件。

(6) 工件调头车端面，检验合格后卸下工件。

(7) 数控车床的维护、保养及场地的清扫。

根据表 5-1-6 中各项指标，对宝塔模型零件加工情况进行评价。

表 5-1-6 宝塔模型零件加工评价表 mm

项目	指标		分值	评价方式			备注
				自测(评)	组测(评)	师测(评)	
零件检测	外圆	$\phi35\pm0.03$	8				
		$\phi30$	2				
		$\phi24$	2				
		$\phi20$	2				
		$\phi18\pm0.03$	8				
		$\phi16^{-0.03}_{-0.10}$	10				
		$\phi10^{-0.03}_{-0.10}$	10				
	长度	75 ± 0.08	5				
		11、9、7、5、4、3	12				
	圆锥	$\phi8$	3				
		6	3				
	倒圆角	$6\times R1$	6				
	表面粗糙度	$Ra3.2\mu m$	4				
技能技巧	加工工艺		5				结合加工过程与加工结果，综合评价
	提前、准时、超时完成		5				
职业素养	场地和车床保洁		5				对照7S管理要求进行评定
	工量具定置管理		5				
	安全文明生产		5				
合计			100				
综合评价							

注：

1. 评分标准

零件检测：尺寸超差 0.01mm，扣 5 分，扣完本尺寸分值为止；表面粗糙度每降一级，扣 3 分，扣完为止。

技能技巧和职业素养，根据现场情况，由老师和同学约定执行。

2. 测评者说明

自测：由自己测量和评价，有数据的把数据填入表中，并根据评分标准评分。

组测：由自己所在组的组长测量和评价，采用组长轮值制，组长把数据填入表中并评分。

师测：由教师测量和评价，教师把数据填入表中给予评分。

评分说明：如果学生自测时，测出数据偏差较大，建议师傅(或教师)从总分里酌情扣除一定的分数(由师生共同协商而定)。

任务总结

完成任务后，请同学们进行总结与反思，对本任务有何体会和感悟，填写在表5-1-7中。

表5-1-7　体会与感悟

项　目	体会与感悟
最大收获	
存在问题	
改进措施	

过关考试

一、单项选择题

1. 以下四种车刀的主偏角数值中，主偏角为(　　)时，刀尖强度和散热性最佳。

A. 45°　　B. 75°　　C. 90°　　D. 95°

2. 刀具的选择主要取决于工件的外形结构、工件的材料加工性能及(　　)等因素。

A. 加工设备　　B. 加工余量

C. 尺寸精度　　D. 表面的粗糙度要求

3. 若零件上多个表面均不需加工，则应选择其中与加工表面间相互位置精度要求(　　)的作为粗基准。

A. 最低　　B. 最高　　C. 符合公差范围　　D. 任意

4. 程序中的“字”由(　　)组成。

A. 地址符和程序段　　B. 程序号和程序段

C. 地址符和数字　　D. 字母“N”和数字

5. 用于主轴旋转速度控制的代码是(　　)。

A. T　　B. S　　C. G　　D. H

6. 连续控制系统与点位控制系统最主要的区别在于前者的系统中有一个(　　)。

A. 累加器　　B. 存储器　　C. 插补器　　D. 比较器

7. 加工中途需要停止应(　　)。

A. 暂停、回零、运行　　B. 暂停、复位、运行

C. 暂停、手动、运行　　D. 暂停、退出、回零、运行

8. 设定定位速度 $F_1=5000\text{mm/min}$，切削速度 $F_2=100\text{mm/min}$。如果参数键中设置进给速度倍率为 80%，则应选（　　）。

A. $F_1=4000$，$F_2=80$　　　　B. $F_1=5000$，$F_2=80$

C. $F_1=5000$，$F_2=100$　　　　D. $F_1=4000$，$F_2=100$

9. 数控车床按主轴位置，可分为（　　）数控车床和（　　）数控车床。

A. 经济型　标准型　　　　B. 立式　卧式

C. 四刀位　六刀位　　　　D. 高速　低速

10. 当轴尺寸为 $\phi16_{-0.07}^{\ 0}$ 时，编程值应选（　　）。

A. $\phi16$　　B. $\phi15.97$　　C. $\phi15.93$　　D. $\phi16.07$

二、技能题

1. 加工宝塔模型零件。零件图如图 5-1-5 所示。

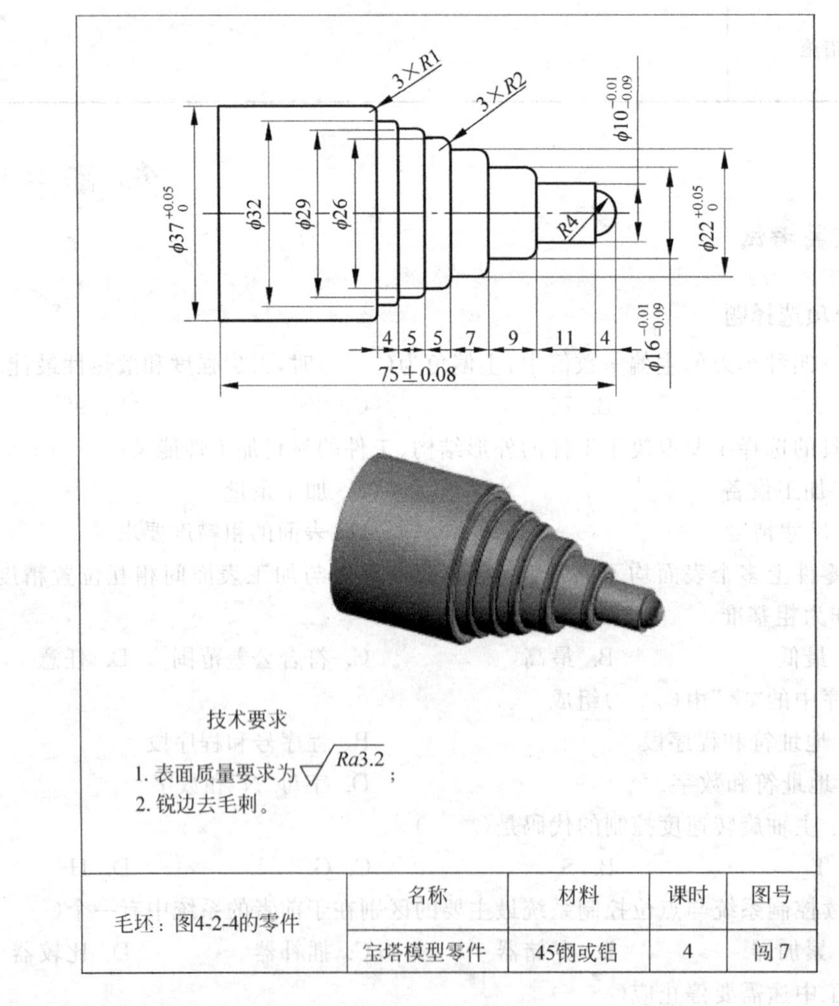

图 5-1-5　宝塔模型零件

2. 宝塔模型零件的加工评价见表5-1-8。

表5-1-8 宝塔模型零件加工评价表

mm

项目	指标		分值	评价方式			备注
				自测(评)	组测(评)	师测(评)	
零件检测	外圆	$\phi37^{+0.05}_{0}$	8				
		$\phi32$	2				
		$\phi29$	2				
		$\phi26$	2				
		$\phi22^{+0.05}_{0}$	8				
		$\phi16^{-0.01}_{-0.09}$	8				
		$\phi10^{-0.01}_{-0.09}$	8				
	长度	4、5(2个)、7、9、11	6				
		75±0.08	6				
	倒圆角	3×R1、3×R2	10				
	球面	4×R4	8				
	表面粗糙度	Ra3.2μm	5				
	去毛刺		2				
技能技巧	加工工艺		5				结合加工过程与加工结果，综合评价
	提前、准时、超时完成		5				
职业素养	场地和车床保洁		5				对照7S管理要求进行评定
	工量具定置管理		5				
	安全文明生产		5				
合计			100				
综合评价							

恭喜你完成并通过了第1个任务，获得50个积分，继续加油，期待你闯过高级学徒关。

任务2 节能灯模型的加工

任务描述

本任务的加工对象是由1段凸圆弧面(过渡圆角)、1段凹圆弧面(过渡圆弧)、4段外圆柱面(3个台阶)、1段外圆锥面(倒角)、2个端面等组成的节能灯模型零件，如图5-2-1所示，它是数控车床加工中难度适当的符合初级工技能考证要求的综合零件，按图所示尺寸和技术要求完成零件的车削，采用 ϕ40mm×75mm 圆棒料为毛坯。

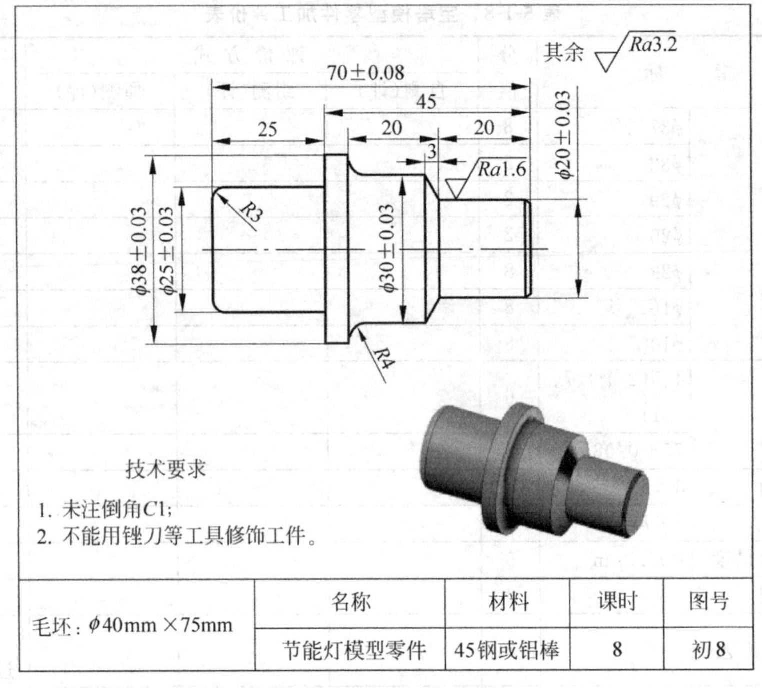

图 5-2-1　节能灯模型零件

学习目标

1. 掌握工件的调头装夹和找正方法。
2. 掌握综合应用 G71、G70、G02、G03 等指令编程。
3. 能够使用 G01 指令进行直角、圆角自动过渡切削的编程。
4. 能根据图纸正确制定加工工艺，并进行程序编制与加工。
5. 能对综合零件的加工误差进行分析。

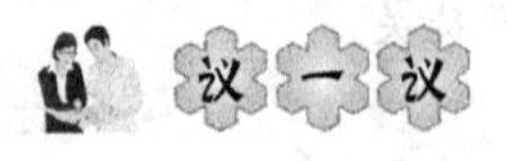

任务分析

对加工零件图 5-2-1 进行任务分析，填写表 5-2-1。

表 5-2-1　节能灯模型零件加工任务分析表

分析项目		分析结果
做什么	1. 结构主要特点是什么？	
	2. 尺寸精度要求是什么？	
	3. 加工毛坯特点是什么？	
	4. 其他技术要求是什么？	

续表

分析项目		分析结果
怎么做	1. 需要什么量具?	
	2. 需要什么夹具?装夹方案是什么?	
	3. 需要什么刀具?	
	4. 需要什么编程知识?	
	5. 需要什么工艺知识?	
	6. 注意事项:	
要完成这个任务	1. 最需要解决的问题是什么?	
	2. 最难解决的问题是什么?	

一、直角、圆角自动过渡指令

在零件加工中经常遇到倒直角和倒圆角,采用G01、G02和G03指令进行编程,必须计算出相关坐标点,并且编制的程序较长,如果采用直角、圆角自动过渡指令,则会让加工程序变得简单,下面对FANUC系统中的直角、圆角自动过渡指令进行说明。

1. 圆角自动过渡

指令格式:

```
G01  X__R__F__;
G01  Z__R__F__;
```

参数说明如下。

R:圆角过渡半径值。X轴向Z轴过渡倒圆角(凸弧)R值为负,Z轴向X轴过渡倒圆角(凹弧)R值为正。

2. 直角自动过渡

指令格式:

```
G01  X__C__F__;
G01  Z__C__F__;
```

参数说明如下。

C:倒角过渡的边长值。X轴向Z轴过渡倒角(凸形)C值为负,Z轴向X轴过渡倒角(凹形)C值为正。

二、直角、圆角自动过渡指令加工实例

加工图5-2-2所示的零件,其编程见表5-2-2。

表 5-2-2 直角、圆角自动过渡指令加工实例

编程实例图	刀具及切削用量表	
图 5-2-2	刀具	T0101 93°外圆正偏刀
	主轴转速 S	1000r/min
	进给量 F	100mm/min
	背吃刀量 a_p	＜2mm

加 工 程 序	程 序 说 明
O1007;	程序号
T0101;	调用 01 号外圆车刀(锥体加工采用平行切削方法)
M03 S1000;	主轴转速为 1000r/min
G0 X0 Z2;	快速移动接近工件
G01 Z0 F100;	轮廓描述
X20 C-1;	切削端面并倒角
Z-21 C-1;	切削外圆柱面并倒角
X30 R-3;	切削台阶面并倒圆角
Z-40 R4;	切削外圆柱面并倒圆角
Z-45;	切削外圆柱面
G0 X100 Z100;	移动到安全位置
M05;	主轴停转
M30;	程序结束
%	程序结束符

三、零件掉头装夹的找正方法

在零件掉头加工时，为保证两端加工后零件的同轴度，在零件掉头装夹时必须进行找正，在数控车床加工中一般采用百分表找正的方法，具体方法如下。

1. 轴类零件

(1) 用卡盘轻轻夹住工件，将磁性表座吸附在车床固定不动的表面(如导轨面)上，调整表架位置使百分表触头垂直指向工件悬伸端外圆柱表面，如图 5-2-3 所示，使百分表触头预压下 0.5～1mm。

(2) 用手拨动卡盘使其缓慢转动，观察百分表的指针跳动情况，并用铜锤轻击工件悬伸端，边校正，边夹紧，至每转中百分表读数的最大差值在零件精度要求内(一般为

0.10mm 以内),校正结束。

(3) 固紧零件。

2. 盘类零件

盘类工件校正方法与轴类工件校正方法基本相同。不同的地方是,百分表触头检测的部位不是外圆柱表面,而是盘形零件端面的外缘处。用百分表校正盘类零件如图 5-2-4 所示。

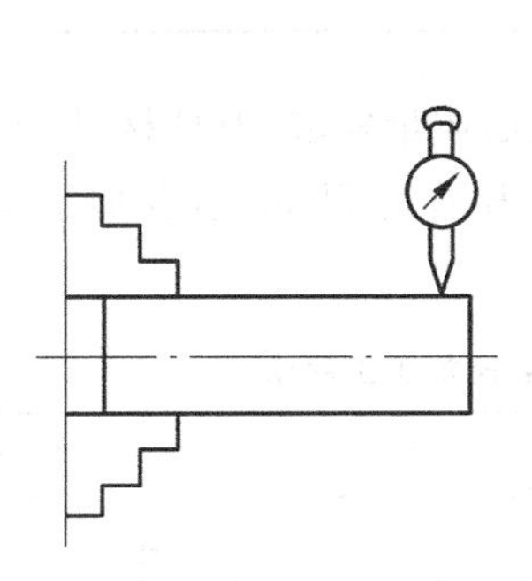

图 5-2-3　用百分表校正轴类零件

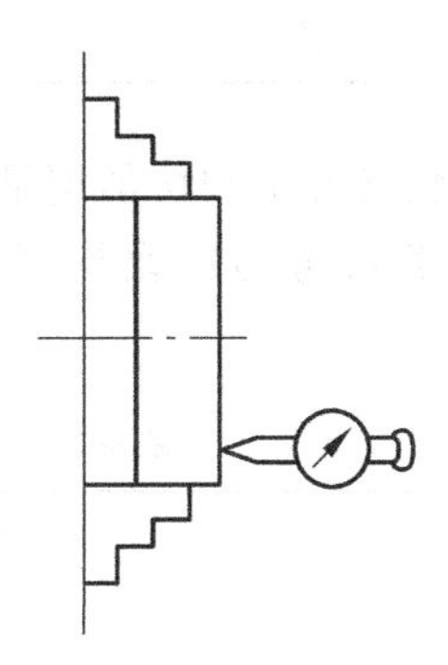

图 5-2-4　用百分表校正盘类零件

四、车削掉头装夹零件时出现的主要问题及预防措施

车削掉头装夹零件时出现的主要问题及其产生原因及预防措施,见表 5-2-3。

表 5-2-3　车削掉头装夹零件时出现的主要问题及预防措施

问题现象	产生原因	预防措施
已加工表面夹伤	1. 夹紧力太大。 2. 卡爪磨损	1. 在夹紧工件时,夹紧力要适当。 2. 更换卡爪,或采用开口夹套,或垫铜片
中心轴线不同心即同轴度超差	工件调头后,没有找正	工件调头装夹,用百分表找正或划针找正
工件总长尺寸超差	1. 测量错误。 2. 加工工艺设计不合理,余量不够。 3. 对刀不准	1. 认真测量长度尺寸。 2. 注意确保余量。 3. 认真对刀

做一做

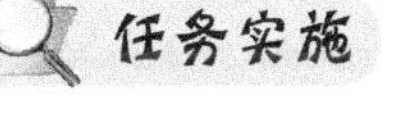

任务实施

一、任务准备

(1) 对零件图进行工艺分析,提出工艺措施。

(2) 确定刀具,将选定的刀具参数填入表 5-2-4,以便编程和任务实施。

表 5-2-4 节能灯模型零件数控加工刀具卡

项目代号			零件名称		零件图号	
序号	刀具号	刀具规格名称	数量	加工表面	刀尖半径/mm	备注
编制：		审核：		批准：		共 页

(3) 确定装夹方案和切削用量，根据被加工表面质量要求、刀具材料、工件材料，参考切削手册或有关参考书选取切削速度、进给速度和背吃刀量，结合加工工艺措施填写表 5-2-5。

表 5-2-5 节能灯模型零件数控加工工序卡

单位名称		项目代号	零件名称	零件图号
工序号	程序编号	夹具名称	使用设备	车间

工步号	工步内容	刀具号	刀具规格/mm	主轴转速/(r/min)	进给速度/(mm/min)	背吃刀量/mm	备注
编制：		审核：		批准：		共 页	

情景链接，视频演示

如果你对掉头装夹加工方法不能掌握时，可以扫描二维码观看视频，视频演示可作为操作的示范。

节能灯模型的加工.mp4

二、编写加工程序

节能灯模型零件的加工程序见表 5-2-6。

表 5-2-6　节能灯模型零件数控加工程序表

编程零件图	走刀路线简图
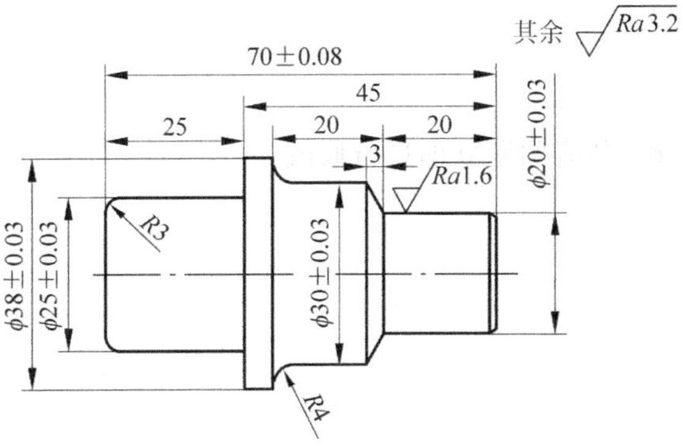 其余 Ra3.2 70±0.08　45　25　20　20　3 Ra1.6 φ20±0.03　φ38±0.03　φ25±0.03　φ30±0.03 R3　R4	
加工程序	程序说明

三、模拟加工

(1) 开机,回参考点。

(2) 编写并输入加工程序。

(3) 启动模拟加工,检查程序。

在模拟加工时,检查加工程序是否正确,如有问题立即进行修改。

四、真实加工

(1) 装夹工件和刀具。

(2) 试切法对刀。

(3) 单步加工无误后自动连续加工。

(4) 测量,修改刀具磨损值后再加工,进行质量控制。

(5) 检测,合格后取下工件。

(6) 工件调头车端面,检验合格后卸下工件。

(7) 数控车床的维护、保养及场地的清扫。

根据表 5-2-7 中各项指标,对节能灯模型零件加工情况进行评价。

表 5-2-7 节能灯模型零件加工评价表 mm

项目	指标		分值	评价方式			备注
				自测(评)	组测(评)	师测(评)	
零件检测	外圆	$\phi38\pm0.03$	8				
		$\phi30\pm0.03$	8				
		$\phi25\pm0.03$	8				
		$\phi20\pm0.03$	8				
	长度	70 ± 0.08	6				
		45	2				
		20(2 个)	2				
	圆弧面	$R3$	5				
		$R4$	5				
	圆锥面	3	4				
	倒角	$C1$	3				
	表面粗糙度	$Ra1.6\mu m$	10				
		$Ra3.2\mu m$	4				
	去毛刺		2				

续表

<table>
<tr><td rowspan="2">项目</td><td rowspan="2">指　标</td><td rowspan="2">分值</td><td colspan="3">评价方式</td><td rowspan="2">备　注</td></tr>
<tr><td>自测(评)</td><td>组测(评)</td><td>师测(评)</td></tr>
<tr><td rowspan="2">技能技巧</td><td>加工工艺</td><td>5</td><td></td><td></td><td></td><td rowspan="2">结合加工过程与加工结果，综合评价</td></tr>
<tr><td>提前、准时、超时完成</td><td>5</td><td></td><td></td><td></td></tr>
<tr><td rowspan="3">职业素养</td><td>场地和车床保洁</td><td>5</td><td></td><td></td><td></td><td rowspan="3">对照7S管理要求进行评定</td></tr>
<tr><td>工量具定置管理</td><td>5</td><td></td><td></td><td></td></tr>
<tr><td>安全文明生产</td><td>5</td><td></td><td></td><td></td></tr>
<tr><td colspan="2">合计</td><td>100</td><td></td><td></td><td></td><td></td></tr>
<tr><td colspan="2">综合评价</td><td colspan="5"></td></tr>
</table>

注：

1. 评分标准

零件检测：尺寸超差0.01mm，扣5分，扣完本尺寸分值为止；表面粗糙度每降一级，扣3分，扣完为止。

技能技巧和职业素养，根据现场情况，由老师和同学约定执行。

2. 测评者说明

自测：由自己测量和评价，有数据的把数据填入表中，并根据评分标准评分。

组测：由自己所在组的组长测量和评价，采用组长轮值制，组长把数据填入表中并评分。

师测：由教师测量和评价，教师把数据填入表中给予评分。

评分说明：如果学生自测时，测出数据偏差较大，建议师傅(或教师)从总分里酌情扣除一定的分数(由师生共同协商而定)。

任务总结

完成任务后，请同学们进行总结与反思，对本任务有何体会和感悟，填写在表5-2-8中。

表5-2-8　体会与感悟

项　目	体会与感悟
最大收获	
存在问题	
改进措施	

过关考试

一、单项选择题

1. 精车时的切削用量，一般以(　　)为主。
   A. 提高生产率　　B. 降低切削功率
   C. 保证加工质量　　D. 降低生产成本
2. 在 FANUC 系统中，用(　　)指令进行恒线速控制。
   A. G00 S　　B. G96 S　　C. G00 F　　D. G97 S
3. 在 G00 程序段中，(　　)值将不起作用。
   A. X　　B. F　　C. S　　D. T
4. 辅助功能 M01 的作用是(　　)。
   A. 有条件停止　　B. 无条件停止　　C. 程序结束　　D. 程序段
5. 根据 ISO 标准，数控车床在编程时采用(　　)规则。
   A. 刀具相对静止，工件运动　　B. 工件相对静止，刀具运动
   C. 按实际运动情况确定　　D. 按坐标系确定
6. 程序编制中首件试切的作用是(　　)。
   A. 检验零件设计的正确性
   B. 检验零件工艺方案的正确性
   C. 检验程序的正确性，综合检验所加工完成的零件是否符合加工技术要求
   D. 仅检验程序单的正确性
7. 数控车削用的车刀一般分为(　　)、圆弧形车刀、成形车刀。
   A. 外圆车刀　　B. 切断刀　　C. 左偏到　　D. 尖形车刀
8. 直线插补 G01 指令属于(　　)。
   A. 初态指令　　B. 模态指令　　C. 非模态指令　　D. 以上都不是
9. 加工路线的确定首先必须保证(　　)和零件表面质量。
   A. 零件的尺寸精度　　B. 数值计算简单
   C. 走刀路线尽量短　　D. 操作方便
10. (　　)指令是指只在当前段有效的指令。
   A. 模态　　B. 非模态　　C. 初始态　　D. 临时

二、技能题

1. 加工节能灯模型零件。零件图如图 5-2-5 所示。
2. 节能灯模型零件加工评价见表 5-2-9。

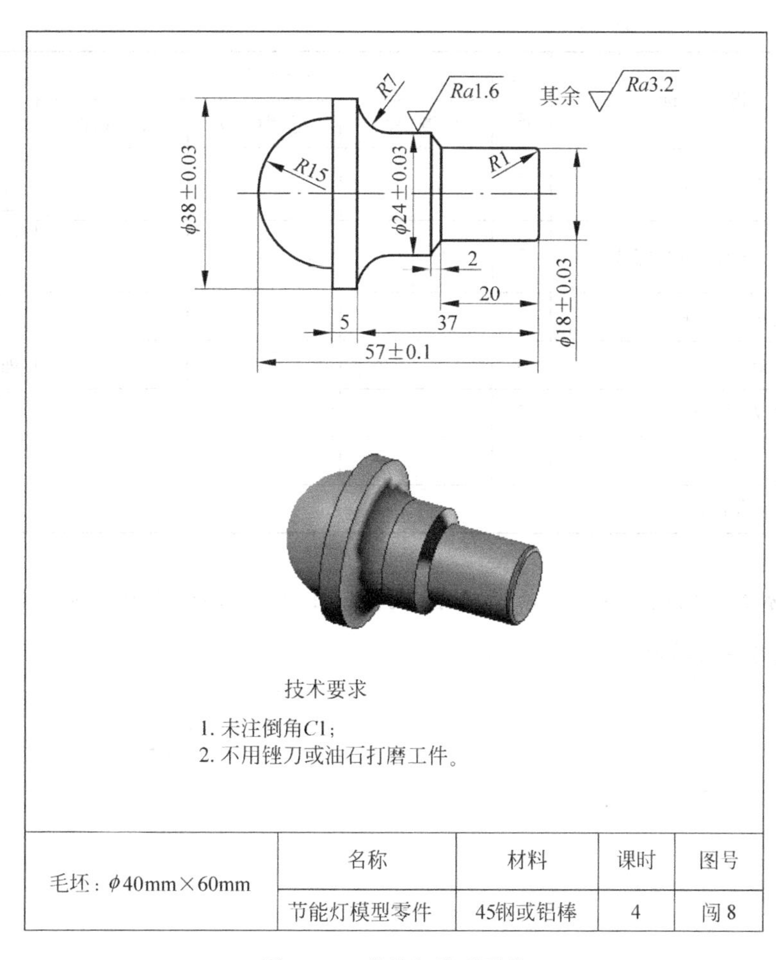

毛坯：φ40mm×60mm	名称	材料	课时	图号
	节能灯模型零件	45钢或铝棒	4	闯 8

图 5-2-5　节能灯模型零件

表 5-2-9　节能灯模型零件加工评价表

mm

项目	指　标		分值	评价方式			备注
				自测(评)	组测(评)	师测(评)	
零件检测	外圆	$\phi38\pm0.03$	8				
		$\phi24\pm0.03$	8				
		$\phi18\pm0.03$	8				
	长度	57 ± 0.1	8				
		20、37、5	6				
	圆弧	$R1$	5				
		$R7$	5				
	球面	$R15$	10				
	圆锥面	2	2				
	表面粗糙度	$Ra1.6\mu m$	10				
		$Ra3.2\mu m$	3				
	去毛刺		2				

续表

<table>
<tr><th rowspan="2">项目</th><th rowspan="2">指　　标</th><th rowspan="2">分值</th><th colspan="3">评价方式</th><th rowspan="2">备　注</th></tr>
<tr><th>自测(评)</th><th>组测(评)</th><th>师测(评)</th></tr>
<tr><td rowspan="2">技能技巧</td><td>加工工艺</td><td>5</td><td></td><td></td><td></td><td rowspan="2">结合加工过程与加工结果，综合评价</td></tr>
<tr><td>提前、准时、超时完成</td><td>5</td><td></td><td></td><td></td></tr>
<tr><td rowspan="3">职业素养</td><td>场地和车床保洁</td><td>5</td><td></td><td></td><td></td><td rowspan="3">对照7S管理要求进行评定</td></tr>
<tr><td>工量具定置管理</td><td>5</td><td></td><td></td><td></td></tr>
<tr><td>安全文明生产</td><td>5</td><td></td><td></td><td></td></tr>
<tr><td colspan="2">合计</td><td>100</td><td></td><td></td><td></td><td></td></tr>
<tr><td colspan="2">综合评价</td><td colspan="5"></td></tr>
</table>

恭喜你完成并通过了两个任务，获得了100个积分，你现在是准员工了，可以进入员工入门关的学习。

附录1

企业7S管理

7S 现场管理法简称 7S。7S 是整理（Seiri）、整顿（Seiton）、清扫（Seiso）、清洁（Seikeetsu）、素养（Shitsuke）、安全（Safety）和速度/节约（Speed/Saving）这 7 个词的缩写。因为这 7 个词英文中的第一个字母都是 S，所以简称为 7S，开展以整理、整顿、清扫、清洁、素养、安全和节约为内容的活动，称为 7S 活动。7S 活动起源于日本，对于塑造企业的形象、降低成本、准时交货、安全生产、高度的标准化、创造令人心旷神怡的工作场所、现场改善等方面发挥了巨大作用，逐渐被各国的管理界所认识。随着世界经济的发展，7S 已经成为现代工厂管理的一股新潮流。7S 活动的对象是现场的“环境”。7S 活动的核心和精髓是素养，如果没有职工队伍素养的相应提高，7S 活动就难以开展和坚持下去。

1. 整理

把要与不要的人、事、物分开，再将不需要的人、事、物加以处理，这是开始改善生产现场的第一步。其要点是对生产现场摆放和闲置的各种物品进行分类，区分什么是现场需要的，什么是现场不需要的；其次，对于现场不需要的物品，诸如用剩的材料、多余的半成品、切下的料头、切屑、垃圾、废品、多余的工具、报废的设备、工人的个人生活用品等，要坚决清理出生产现场，这项工作的重点在于坚决把现场不需要的东西清理掉。对于车间里各个工位或设备的前后、通道左右、厂房上下、工具箱内外，以及车间的各个死角，都要彻底搜寻和清理，达到现场无不用之物。坚决做好这一步，是树立好作风的开始。日本有的公司提出口号：效率和安全始于整理。

整理的目的是：增加作业面积；物流畅通、防止误用等。

2. 整顿

把需要的人、事、物加以定量、定位。通过前一步整理后，对生产现场留下的物品进行科学合理的布置和摆放，以便用最快的速度取得所需之物，在最有效的规章、制度和最简捷的流程下完成作业。

整顿的目的是工作场所整洁明了，一目了然，减少取放物品的时间，提高工作效率，保持井井有条的工作秩序区。

3. 清扫

把工作场所打扫干净，设备异常时马上修理，使之恢复正常。生产现场在生产过程中会产生灰尘、油污、铁屑、垃圾等，从而使现场变脏。脏的现场会使设备精度降低，故障多发，影响产品质量，使安全事故防不胜防；脏的现场更会影响人们的工作情绪，使人不愿久留。因此，必须通过清扫活动来清除那些脏物，创建一个明快、舒畅的工作环境。

清扫的目的是使员工保持一个良好的工作情绪，并保证产品的品质稳定，最终达到企业生产零故障和零损耗。

4. 清洁

整理、整顿、清扫之后要认真维护，使现场保持完美和最佳状态。清洁，是对前三项活动的坚持与深入，从而消除发生安全事故的根源。创造一个良好的工作环境，使职工能愉快地工作。

清洁的目的是：使整理、整顿和清扫工作成为一种惯例和制度，是标准化的基础，也是一个企业形成企业文化的开始。

5. 素养

素养即教养，努力提高人员的素养，养成严格遵守规章制度的习惯和作风，这是7S活动的核心。没有人员素质的提高，各项活动就不能顺利开展，开展了也坚持不了。所以，抓7S活动，要始终着眼于提高人的素质。

素养的目的是让员工成为一个遵守规章制度，并具有一个良好工作习惯的人。

6. 安全

清除隐患，排除险情，预防事故的发生。

安全的目的是保障员工的人身安全，保证生产连续安全正常地进行，同时减少因安全事故而带来的经济损失。

7. 节约

节约就是对时间、空间、能源等方面合理利用，以发挥它们的最大效能，从而创造一个高效率的、物尽其用的工作场所。

节约的目的是对整理工作的补充和指导，在我国，由于资源相对不足，更应该在企业中秉持勤俭节约的原则。

附录2

GSK980TDb控制面板键盘的定义

GSK980TDb 数控系统的操作面板如附图 2-1 所示。

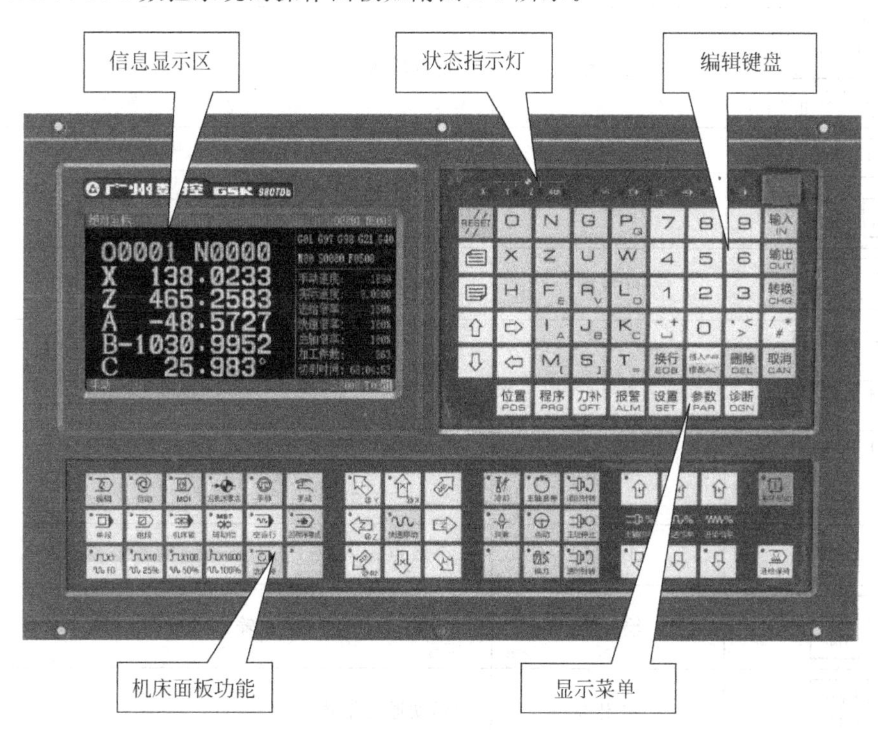

附图 2-1　GSK980TDb 数控系统的操作面板

1. 状态显示灯

附表　2-1

键	说　明	键	说　明
XO　YO　ZO	轴回零结束指示灯		快速指示灯

续表

键	说　明	键	说　明
	单段运行指示灯		程序段选跳指示灯
	机床锁指示灯	MST	辅助功能锁指示灯
	空运行指示灯		

2. 编辑键盘

附表　2-2

按　键	名　称	功　能
// 复位	复位键,CNC 复位	进给、输出、停止等
O N G X Z U W	地址键	地址输入
H_Y F_E R_V L_D I_A J_B K_C	双地址键	反复按键,在两者间切换
- + ␣ / * #	符号键	双符号键,反复按键,在两者间切换
7 8 9 4 5 6 1 2 3 0	数字键	数字输入
. < >	小数点	小数点输入
输入 IN	输入键	参数、补偿量等数据输入的确定
输出 OUT	输出键	起动通信输出
转换 CHG	转换键	信息、显示的切换
修改/ALT 宏编辑 删除 DEL 取消 CAN	编辑键	编辑时程序、字段等的插入、修改、删除
换行 EOB	EOB 键	程序段结束符的输入

续表

按　键	名　称	功　能
⇧ ⇨ ⇩ ⇦	光标移动键	控制光标移动
	翻页键	同一显示界面下页面的切换

3. 显示菜单

附表　2-3

菜单键	说　明
位置 POG	进入位置界面。位置界面有相对坐标、绝对坐标、综合坐标、坐标 & 程序等四个页
程度 PRG	进入程序界面。程序界面有程序内容、程序目录、程序状态三个页面
刀补 OFT	进入刀补界面、宏变量界面(反复按键可在两界面间转换)。刀补界面可显示刀具偏值；宏变量界面显示 CNC 宏变量
报警 ALM	进入报警界面。报警界面有 CNC 报警、PLC 报警两个页面
设置 SET	进入设置界面、图形界面(反复按键可在两界面间转换)。设置界面有开关设置、数据备份、权限设置；图形界面有图形设置、图形显示两个页面
参数 PAR	进入状态参数、数据参数、螺补参数界面(反复按键可在各界面间转换)
诊断 DGN	进入诊断界面、PLC 状态、PLC 数据、机床软面板、版本信息界面(反复按键可在各界面间转换)。诊断界面、PLC 状态、PLC 数据显示 CNC 内部信号状态、PLC 各地址、数据的状态信息；机床软面板可进行机床软键盘操作；版本信息界面显示 CNC 软件、硬件及 PLC 版本号

4. 机床面板功能按键

附表　2-4

按　键	名　称	功能说明	功能有效时操作方式
进给保持	进给保持键	程序、MDI 代码运行暂停	自动方式、录入方式
循环起动	循环起动键	程序、MDI 代码运行起动	自动方式、录入方式

续表

按　键	名　称	功 能 说 明	功能有效时操作方式
% 进给倍率	进给倍率键	进给速度的调整	自动方式、录入方式、编辑方式、机械回零、手轮方式、单步方式、手动方式、程序回零
X1 F0　X10 25%　X100 50%　X1000 100%	快速倍率键	快速移动速度的调整	自动方式、录入方式机械回零、手动方式、程序回零
% 主轴倍率	主轴倍率键	主轴速度调整（主转速模拟量控制方式有效）	自动方式、录入方式、编辑方式、机械回零、手轮方式、单步方式、手动方式、程序回零
换刀	手动换刀键	手动换刀	机械回零、手轮方式、单步方式、手动方式、程序回零
点动	点动开关键	主轴点动状态开/关	机械回零、手轮方式、单步方式、手动方式、程序回零
润滑	润滑开关键	机床润滑开/关	自动方式、录入方式、编辑方式、机械回零、手轮方式、单步方式、手动方式、程序回零
冷却	冷却液开关键	冷却液开/关	自动方式、录入方式、编辑方式、机械回零、手轮方式、单步方式、手动方式、程序回零
顺时针转　主轴停止 逆时针转	主轴控制键	顺时针转 主轴停止 逆时针转	机械回零、手轮方式、单步方式、手动方式、程序回零
快速移动	快速开关	快速速度/进给速度切换	自动方式、录入方式、手动方式
@Y　@X　@4th　@C @Z　快速移动　C/S	手动进给键	手动、单步操作方式 X、Y、Z 轴正向/负向移动	机械回零、单步方式、手动方式、程序回零

续表

按　　键	名　　称	功 能 说 明	功能有效时操作方式
X @X　Y @Y　Z @Z	手轮控制轴选择键	手轮操作方式 X、Z 轴选择	手轮方式
X1 F0　X10 25%　X100 50%　X1000 100%	手轮/单步增量选择与快速倍率选择键	手轮每格移动 0.001/0.01/0.1/1mm，单步每步移动 0.001/0.01/0.1/1mm，快速倍率 F25%、F0%、F50%、F100%	自动方式、录入方式、机械回零、手轮方式、单步方式、手动方式、程序回零
单段	单段开关	程序单段运行/连续运行状态切换，单段有效时单段运行指示灯亮	自动方式、录入方式
跳段	程序段选跳开关	程序段首标有“/”号的程序段是否跳过状态切换，程序段选跳开关打开时，跳段指示灯亮	自动方式、录入方式
机床锁	机床锁住开关	机床锁住时机床锁住指示灯亮，X、Z 轴输出无效	自动方式、录入方式、编辑方式、机械回零、手轮方式、单步方式、手动方式、程序回零
MST 辅助锁	辅助功能锁住开关	辅助功能锁住时辅助功能锁住指示灯亮，M、S、T 功能输出无效	自动方式、录入方式
空运行	空运行开关	空运行有效时空运行指示灯点亮，加工程序/MDI 代码段空运行	自动方式、录入方式
编辑	编辑方式选择键	进入编辑操作方式	自动方式、录入方式、机械回零、手轮方式、单步方式、手动方式、程序回零
自动	自动方式选择键	进入自动操作方式	录入方式、编辑方式、机械回零、手轮方式、单步方式、手动方式、程序回零
MDI	录入方式选择键	进入录入（MDI）操作方式	自动方式、编辑方式、机械回零、手轮方式、单步方式、手动方式、程序回零
回机床零点	机械回零方式选择键	进入机械回零操作方式	自动方式、录入方式、编辑方式、手轮方式、单步方式、手动方式、程序回零
手脉	单步/手轮方式选择键	进入单步或手轮操作方式（两种操作方式由参数选择其一）	自动方式、录入方式、编辑方式、机械回零、手动方式、程序回零

续表

按　键	名　　称	功能说明	功能有效时操作方式
手动	手动方式选择键	进入手动操作方式	自动方式、录入方式、编辑方式、机械回零、手轮方式、单步方式、程序回零
回程序零点	程序回零方式选择键	进入程序回零操作方式	自动方式、录入方式、编辑方式、机械回零、手轮方式、单步方式、手动方式

常用硬质合金刀具的选用

通常所称的硬质合金是指由难熔金属硬质化合物和粘结金属组成的，通过制粉、成形、烧结工艺生产的一类合金。难容金属化合物常用的有碳化钨（WC）、碳化钛（TiC）、碳化钽（TaC）等。粘结金属主要是钴，还有镍及少量的其他金属。这类合金普遍具有硬度高、耐磨性能好、红硬性好、化学热稳定性高、抗压强度高和耐腐蚀等特点。

硬质合金广泛用于制造各种各样的切削工具。我国切削工具的硬质合金用量约占整个硬质合金产量的三分之一，其中用于焊接刀具的占 78%左右，用于可转位刀具的占 22%左右。而数控刀具用硬质合金仅占可转位刀具用硬质合金的 20%左右，此外还有整体硬质合金钻头、整体硬质合金小圆锯片、硬质合金微钻等切削工具。金属切削中常用硬质合金牌号、性能及推荐用途如下。

附表 3-1

牌号	密度/(g/cm^3)	典型值		使用范围
		硬度/HRA	抗弯强度/MPa	
YG3	15.10～15.30	92.5	1700	耐磨性仅次于 YG3X，对冲击和振动较敏感，适于铸铁、有色金属及其合金连续切削时的精车、半精车、精车螺纹与扩孔
YG3X	15.10～15.30	93.6	1450	在钨钴合金中耐磨性最好，但冲击韧性较差，适于铸铁、有色金属及合金、淬火钢、合金钢小切削断面高速精加工
YG6X	14.80～15.00	92.4	2000	属于细颗粒碳化钨合金，其耐磨性较 YG6 高。适于加工冷硬合金铸铁与耐热合金钢，也适于普通铸铁的精加工
YG6(zk20)	14.80～15.00	91.1	2100	耐磨性较高，但低于 YG3，抗冲击和振动比 YG3X 好。适于铸铁、有色金属及合金、非金属材料的半精加工和精加工

续表

牌号	密度/(g/cm³)	典型值		使用范围
		硬度/HRA	抗弯强度/MPa	
YG6A	14.8～15.00	92.8	1850	属细颗粒合金，耐磨性好，适于冷硬铸铁、有色金属及其合金的半精加工，也适于淬火钢、合金钢的半精加工及精加工
YG8(zk30)	14.6～14.80	90.5	2300	抗弯曲强度高，抗冲击和抗振性较YG6好，适于铸铁、有色金属及合金、非金属材料低速粗加工
YG522	14.20～14.40	92.5	2000	耐磨性好，强度高，是竹、木加工专用牌号，也可用于有色金属和其他非金属材料的切削加工
YG546	14.55～14.75	90.5	2700	韧性好，强度高，能承受较大的冲击负荷。适于不锈钢、铸铁粗加工
YG610	14.60～14.80	93.5	2000	耐磨性好，红硬性好。适于铸铁、高温合金、淬火等材料的连续或间断切削
YG640	13.10～13.30	91.5	2300	具有抗冲击、抗氧化能力。适于大型铸件的连续、间断切削和耐热钢、高强度钢铣削、刨削
YG643	13.60～13.80	93.3	1700	有较高的耐磨性、抗氧化和抗粘结能力。适于铸铁、高温铸铁、高温合金、不锈钢、淬火钢及有色金属的加工
YG813	14.30～14.50	92.0	2200	耐磨性较好，较高的抗弯强度和抗粘刀能力。适于加工高温合金、不锈钢、高锰钢等材料
YT5	12.80～13.00	90.4	2000	适于碳素钢、合金钢(包括锻件、冲压件、铸铁表皮)间断切削时的粗车、粗刨、半精刨
YT14(zp20)	11.30～11.60	91.8	1650	适于碳素钢、合金钢连续切削时的粗车、粗铣，间断切削时的半精车和精车
YT15	11.20～11.40	92.5	1550	适于碳素钢、合金钢连续切削时半精加工，连续面的半精铣
YT30	9.40～9.60	93.2	1200	适于碳素钢与合金钢的半精加工，如小断面的精车、精镗、精扩等
YT535	12.60～12.80	91.0	2050	适于铸铁、锻钢的连续粗车、粗铣，是粗加工优良材质
YT715	11.20～11.40	92.5	1500	有较高的耐磨性和红硬性。适于高强度合金钢的半精加工和精加工
YT726	14.00～14.30	93.0	1700	红硬性高，耐磨性好。适于冷硬铸铁、合金铸铁、淬火钢的车削、铣削
YT730	12.90～13.10	91.7	2000	有较高的抗冲击和抗振性能，适于碳钢、合金钢、高锰钢、高强度钢和铸钢的粗车、铣削、刨削
YT758	13.10～13.30	92.5	1900	高温硬度好，耐磨性好。适于超高温强度的连续或间断切削
YT767	13.05～13.25	92.8	1800	耐磨性高，抗塑性变形能力好。适于高锰钢、不锈钢的连续或间断切削

续表

牌号	密度 /(g/cm³)	典型值		使用范围
		硬度 /HRA	抗弯强度/MPa	
YT798	12.23～12.43	92.2	1900	韧性好,具有很高的抗热振裂和抗塑性变形能力。适于铣削合金结构钢,合金工具钢,也适于高锰钢、不锈钢的加工
YW1	13.25～13.35	91.5	1900	红硬性较好,能承受一定的冲击负荷,是通用性较好的合金。适于耐热钢、高锰钢、不锈钢等难加工钢材的加工,也适于普通钢和铸铁加工
YW2	13.15～13.35	91.5	1900	强度较高,能承受较大的冲击载荷。适于耐热钢、高锰钢、不锈钢及高级合金钢等的粗加工、半精加工,也适于普通钢和铸铁的加工
YW2A	12.85～13.00	92.0	1950	能承受较大的冲击负荷,是通用性较好的合金。适于耐热钢、高锰钢、不锈钢及高级合金钢等难加工钢材的粗加工、半精加工,也适于加工铸铁

数控车削切削用量参考值

1. 外圆车削背吃刀量(端面切深减半)

附表 4-1　　mm

轴　径	长　度											
	≤100		>100～250		>250～500		>500～800		>800～1200		>1200～2000	
	半精	精车	半精	精车	半精	精车	半精	精车	半精	精车	半精	精车
≤10	0.8	0.2	0.9	0.2	1	0.3	—	—	—	—	—	—
>10～18	0.9	0.2	0.9	0.3	1	0.3	1.1	0.3	—	—	—	—
>18～30	1	0.3	1	0.3	1.1	0.3	1.3	0.4	1.4	0.4	—	—
>30～50	1.1	0.3	1	0.3	1.1	0.4	1.3	0.5	1.5	0.6	1.7	0.6
>50～80	1.1	0.3	1.1	0.4	1.2	0.4	1.4	0.5	1.6	0.6	1.8	0.7
>80～120	1.1	0.4	1.2	0.4	1.2	0.5	1.4	0.5	1.6	0.6	1.9	0.7
>120～180	1.2	0.5	1.2	0.5	1.3	0.6	1.5	0.6	1.7	0.7	2	0.8
>180～260	1.3	0.5	1.3	0.6	1.4	0.6	1.6	0.7	1.8	0.8	2	0.9
>260～360	1.3	0.6	1.4	0.6	1.5	0.7	1.7	0.7	1.9	0.8	2.1	0.9
>360～500	1.4	0.7	1.5	0.7	1.5	0.8	1.7	0.8	1.9	0.9	2.2	1

注：
1. 粗加工，表面粗糙度为 Ra50～12.5μm 时，一次走刀应尽可能切除全部余量。
2. 粗车背吃刀量的最大值由车床功率的大小决定。中等功率机床可以达到 8～10mm。

2. 高速钢及硬质合金车刀车削外圆及端面的粗车进给量

附表 4-2　　mm

工件材料	车刀刀杆尺寸	工件直径	切　深				
			≤3	3～5	5～8	8～12	>12
			进给量 f/(mm/r)				
碳素结构钢、合金结构钢、耐热钢	16×25	20	0.3～0.4	—	—	—	—
		40	0.4～0.5	0.3～0.4	—	—	—
		60	0.5～0.7	0.4～0.6	0.3～0.5	—	—
		100	0.6～0.9	0.5～0.7	0.5～0.6	0.4～0.5	—
		400	0.8～1.2	0.7～1	0.6～0.8	0.5～0.6	—

续表

工件材料	车刀刀杆尺寸	工件直径	切　深				
			≤3	3～5	5～8	8～12	>12
			进给量 f/(mm/r)				
碳素结构钢、合金结构钢、耐热钢	20×30，25×25	20	0.3～0.4	—	—	—	—
		40	0.4～0.5	0.3～0.4	—	—	—
		60	0.6～0.7	0.5～0.7	0.4～0.6	—	—
		100	0.8～1	0.7～0.9	0.5～0.7	0.4～0.7	—
		400	1.2～1.4	1～1.2	0.8～1	0.6～0.9	0.4～0.6
铸铁及铜合金	16×25	40	0.4～0.5	—	—	—	—
		60	0.6～0.8	0.5～0.8	0.4～0.6	—	—
		100	0.8～1.2	0.7～1	0.6～0.8	0.5～0.7	—
		400	1～1.4	1～1.2	0.8～1	0.6～0.8	—
	20×30，25×25	40	0.4～0.5	—	—	—	—
		60	0.6～0.9	0.5～0.8	0.4～0.7	—	—
		100	0.9～1.3	0.8～1.2	0.7～1	0.5～0.8	—
		400	1.2～1.8	1.2～1.6	1～1.3	0.9～1.1	0.7～0.9

注：

1. 断续切削、有冲击载荷时，乘以修正系数：k=0.75～0.85。
2. 加工耐热钢及其合金时，进给量应不大于1mm/r。
3. 无外皮时，表内进给量应乘以系数：k=1.1。
4. 加工淬硬钢时，进给量应减小。硬度为HRC45～56时，乘以修正系数0.8，硬度为HRC57～62时，乘以修正系数0.5。

3. 按表面粗糙度选择进给量的参考值

附表　4-3

工件材料	粗糙度等级/(Ra/μm)	切削速度/(m/min)	刀尖圆弧半径		
			0.5	1	2
			进给量 f/(mm/r)		
碳钢及合金碳钢	10～5	≤50	0.3～0.5	0.45～0.6	0.55～0.7
		>50	0.4～0.55	0.55～0.65	0.65～0.7
	5～2.5	≤50	0.18～0.25	0.25～0.3	0.3～0.4
		>50	0.25～0.3	0.3～0.35	0.35～0.5
	2.5～1.25	≤50	0.1	0.11～0.15	0.15～0.22
		50～100	0.11～0.16	0.16～0.25	0.25～0.35
		>100	0.16～0.2	0.2～0.25	0.25～0.35
铸铁及铜合金	10～5	不限	0.25～0.4	0.4～0.5	0.5～0.6
	5～2.5		0.15～0.25	0.25～0.4	0.4～0.6
	2.5～1.25		0.1～0.15	0.15～0.25	0.2～0.35

注：适用于半精车和精车的进给量的选择。

4. 车削切削速度参考数值表

附表 4-4

加工材料		硬度	背吃刀量 a_p/mm	高速钢刀具		硬质合金刀具						陶瓷(超硬材料)刀具		
						未涂层				涂层				
				v/(m/min)	f/(mm/r)	v/(m/min) 焊接式	v/(m/min) 可转位	f/(mm/r)	材料	v/(m/min)	f/(mm/r)	v/(m/min)	f/(mm/r)	说明
易切碳钢	低碳	100～200	1	55～90	0.18～0.2	185～240	220～275	0.18	YT15	320～410	0.18	550～700	0.13	切削条件好,可用冷压 Al_2O_3 陶瓷,较差时宜用 Al_2O_3＋TiC 热压混合陶瓷
			4	41～70	0.4	135～185	160～215	0.5	YT14	215～275	0.4	425～580	0.25	
			8	34～55	0.5	110～145	130～170	0.75	YT5	170～220	0.5	335～490	0.4	
	中碳	175～225	1	52	0.2	165	200	0.18	YT15	305	0.18	520	0.13	
			4	40	0.4	125	150	0.5	YT14	200	0.4	395	0.25	
			8	30	0.5	100	120	0.75	YT5	160	0.5	305	0.4	
碳钢	低碳	100～200	1	43～46	0.18	140～150	170～195	0.18	YT15	260～290	0.18	520～580	0.13	—
			4	34～33	0.4	115～125	135～150	0.5	YT14	170～190	0.4	365～425	0.25	
			8	27～30	0.5	88～100	105～120	0.75	YT5	135～150	0.5	275～365	0.4	
	中碳	175～225	1	34～40	0.18	115～130	150～160	0.18	YT15	220～240	0.18	460～520	0.13	
			4	23～30	0.4	90～100	115～125	0.5	YT14	145～160	0.4	290～350	0.25	
			8	20～26	0.5	70～78	90～100	0.75	YT5	115～125	0.5	200～260	0.4	
	高碳	175～225	1	30～37	0.18	115～130	140～155	0.18	YT15	215～230	0.18	460～520	0.13	
			4	24～27	0.4	88～95	105～120	0.5	YT14	145～150	0.4	275～335	0.25	
			8	18～21	0.5	69～76	84～95	0.75	YT5	115～120	0.5	185～245	0.4	

续表

加工材料		硬度	背吃刀量 a_p/mm	高速钢刀具		硬质合金刀具						陶瓷(超硬材料)刀具		
						未涂层				涂层				
				v/(m/min)	f/(mm/r)	v/(m/min) 焊接式	v/(m/min) 可转位	f/(mm/r)	材料	v/(m/min)	f/(mm/r)	v/(m/min)	f/(mm/r)	说明
合金钢	低碳	125～225	1	41～46	0.18	135～150	170～185	0.18	YT15	220～235	0.18	520～580	0.13	—
			4	32～37	0.4	105～120	135～145	0.5	YT14	175～190	0.4	365～395	0.25	
			8	24～27	0.5	84～95	105～115	0.75	YT5	135～145	0.5	275～335	0.4	
	中碳	175～225	1	34～41	0.18	105～115	130～150	0.18	YT15	175～200	0.18	460～520	0.13	
			4	26～32	0.4	85～90	105～120	0.4～0.5	YT14	135～160	0.4	280～360	0.25	
			8	20～24	0.5	67～73	82～95	0.5～0.75	YT5	105～120	0.5	220～265	0.4	
	高碳	175～225	1	30～37	0.18	105～115	135～145	0.18	YT15	175～190	0.18	460～520	0.13	
			4	24～27	0.4	84～90	105～115	0.5	YT14	135～150	0.4	275～335	0.25	
			8	17～21	0.5	66～72	82～90	0.75	YT5	105～120	0.5	215～245	0.4	
高强度钢		225～350	1	20～26	0.18	90～105	115～135	0.18	YT15	150～185	0.18	380～440	0.13	>300HBS 时宜用 W12Cr4V5Co5 及 W2Mo9Cr4VCo8
			4	15～20	0.4	69～84	90～105	0.4	YT14	120～135	0.4	205～265	0.25	
			8	12～15	0.5	53～66	69～84	0.5	YT5	90～105	0.5	145～205	0.4	
高速钢		200～225	1	15～24	0.13～0.18	76～105	85～125	0.18	YW1，YT15	115～160	0.18	420～460	0.13	加工 W12Cr4V5Co5 等高速钢时宜用 W12Cr4V5Co5 及 W2Mo9Cr4VCo8
			4	12～20	0.25～0.4	60～84	69～100	0.4	YW2，YT14	90～130	0.4	250～275	0.25	
			8	9～15	0.4～0.5	46～64	53～76	0.5	YW3，YT5	69～100	0.5	190～215	0.4	

续表

加工材料	硬度	背吃刀量 a_p/mm	高速钢刀具		硬质合金刀具						陶瓷(超硬材料)刀具		
					未涂层				涂层				
			v/(m/min)	f/(mm/r)	v/(m/min) 焊接式	v/(m/min) 可转位	f/(mm/r)	材料	v/(m/min)	f/(mm/r)	v/(m/min)	f/(mm/r)	说明
不锈钢 奥氏体	135～275	1	18～34	0.18	58～105	67～120	0.18	YG3X，YW1	84～60	0.18	275～425	0.13	>225HBS 时宜用 W12Cr4V5Co5 及 W2Mo9Cr4VCo8
		4	15～27	0.4	49～100	58～105	0.4	YG6，YW1	76～135	0.4	150～275	0.25	
		8	12～21	0.5	38～76	46～84	0.5	YG6，YW1	60～105	0.5	90～185	0.4	
不锈钢 马氏体	175～325	1	20～44	0.18	87～140	95～175	0.18	YW1，YT15	120～260	0.18	350～490	0.13	>275HBS 时宜用 W12Cr4V5Co5 及 W2Mo9Cr4VCo8
		4	15～35	0.4	69～15	75～135	0.4	YW1，YT15	100～170	0.4	185～335	0.25	
		8	12～27	0.5	55～90	58～105	0.5～0.75	YW2，YT14	76～135	0.5	120～245	0.4	
灰铸铁	160～260	1	26～43	0.18	84～135	100～165	0.18～0.25	YG8，YW2	130～190	0.18	395～550	0.13～0.25	>190HBS 时宜用 W12Cr4V5Co5 及 W2Mo9Cr4VCo8
		4	17～27	0.4	69～110	81～125	0.4～0.5		105～160	0.4	245～365	0.25～0.4	
		8	14～23	0.5	60～90	66～100	0.5～0.75		84～130	0.5	185～275	0.4～0.5	
可锻铸铁	160～240	1	30～40	0.18	120～160	135～185	0.25	YW1，YT15	185～235	0.25	305～365	0.13～0.25	
		4	23～30	0.4	90～120	105～135	0.5	YW1，YT15	135～185	0.4	230～290	0.25～0.4	
		8	18～24	0.5	76～100	85～115	0.75	YW2，YT14	105～145	0.5	150～230	0.4～0.5	

续表

加工材料	硬度	背吃刀量 a_p/mm	高速钢刀具		硬质合金刀具						陶瓷(超硬材料)刀具			
					未涂层				涂层					
			v/(m/min)	f/(mm/r)	v/(m/min)		f/(mm/r)	材料	v/(m/min)	f/(mm/r)	v/(m/min)	f/(mm/r)	说明	
					焊接式	可转位								
铝合金	30～150	1	245～305	0.18	550～610	max	0.25	YG3X，YW1	—	—	365～915	0.075～0.15	金刚石刀具	a_F=0.13～0.4
		4	215～275	0.4	425～550		0.5	YG6，YW1			245～760	0.15～0.3		a_p=0.4～1.25
		8	185～245	0.5	305～365		1	YG6，YW1			150～460	0.3～0.5		a_p=1.25～3.2
铜合金		1	40～175	0.18	84～345	90～395	0.18	YG3X，YW1	—	—	305～1460	0.075～0.15		a_p=0.13～0.4
		4	34～145	0.4	69～290	76～335	0.5	YG6，YW1			150～855	0.15～0.3		a_p=0.4～1.25
		8	27～120	0.5	64～270	70～305	0.75	YG8，YW2			90～550	0.3～0.5		a_p=1.25～3.2
钛合金	300～350	1	12～24	0.13	38～66	49～76	0.13	YG3X，YW1	—	—	—	—	高速钢采用 W12Cr4V5Co5 及 W2Mo9Cr4VCo8	
		4	9～21	0.25	32～56	41～66	0.2	YG6，YW1						
		8	8～18	0.4	24～43	26～49	0.25	YG8，YW2						
高温合金	200～475	0.8	3.6～14	0.13	12～49	14～58	0.13	YG3X，YW1	—	—	185	0.075	立方氮化硼刀具	
		2.5	3～11	0.18	9～41	12～49	0.18	YG6，YW1			135	0.13		

参考文献

[1] 刘端品.数控车床加工实训[M].北京：科学出版社，2011.

[2] 王兵.数控车工技能训练[M].北京：外语教学与研究出版社，2011.

[3] 孟玉霞.数控车削技能与实践[M].长沙：湖南教育出版社，2011.

[4] 汪锐.数控车床加工工艺及编程[M].北京：北京师范大学出版社，2014.